Berechnung von Fraktionierkolonnen für Vielstoffgemische

With an Abstract in English:
A New Method of Computing Fractionation Columns
for Multicomponent Mixtures

von

Bruno Riediger

Ing. Dr. techn. Dr. jur.

Mit 20 Abbildungen und 19 Zahlentafeln

Springer-Verlag

Berlin / Göttingen / Heidelberg

1951

ISBN-13: 978-3-540-01572-7   e-ISNB-13: 978-3-642-92559-7
DOI: 10.1007/978-3-642-92559-7

Vorwort.

In der vorliegenden Schrift wird ein Berechnungsverfahren für Vielstoffgemische vorgeschlagen, das für verschiedene Aufgaben der Destillationstechnik anwendbar erscheint. Im Vordergrund steht die Berechnung der Betriebsverhältnisse in Fraktionierkolonnen. Es sind aber auch andere Anwendungsmöglichkeiten, wie z. B. die Ermittlung des Zustandsverlaufes in Röhrenöfen erläutert.

Das Verfahren stützt sich auf Vorschläge, die Herr Dr.-Ing. W. Hoffmann während des Krieges veröffentlicht hat. An der Ausarbeitung dieser Vorschläge war auch Herr Dr.-Ing. F. Florin beteiligt, der es übernahm, unter Mitarbeit von Frau Dipl.-Chem. G. Arnold die im Anhang abgedruckten, für eine flotte Anwendung des hier vorgeschlagenen Verfahrens erforderlichen Zahlentafeln 15, 16 und 18 aufzustellen. Der Verfasser hat mehreren Fachgenossen dafür zu danken, daß er mit ihnen die angestrebte Lösung des Problems eingehend erörtern konnte und sie dadurch zur Klärung mancher Fragen beitrugen.

Weiterhin dankt der Verfasser dem Springer-Verlag für das große Entgegenkommen, das er durch die Herausgabe dieser Schrift bewies, sowie für die gewohnte, außerordentliche Sorgfalt, die er der Ausstattung widmete.

Über die hier unterbreiteten Vorschläge hat der Verfasser in der Öffentlichkeit das erste Mal in einem kurzen Referat auf der Vierten Weltkraftkonferenz in London am 13. Juli 1950 in der Sitzung der Section C 1 (Preparation of Liquid Fuels — Petroleum) berichtet. Etwas ausführlicher konnte er die Grundgedanken des Verfahrens auf der Tagung der Deutschen Gesellschaft für Mineralölwissenschaft und Kohlechemie in Hamburg am 28. September 1950 vortragen; der Text dieses Vortrages erscheint demnächst in Erdöl und Kohle Bd. 4 (1951).

Da für das Verfahren auch im englischsprechenden Ausland Interesse besteht, ist nachstehend der Wortlaut des in London gehaltenen Referates als Zusammenfassung im Rahmen eines Vorwortes für englische Leser abgedruckt.

Berlin, März 1951.   **B. Riediger.**

Preface.

This book tries to propose a method of computing the behaviour of multicomponent mixtures which may be applied to several problems of distillation. The supplementary tables will be found to be useful for speedy application, also for a reader with only little knowledge of the German language. For such reader and as an introduction to his ideas the author thought it best to present the following text:

A Contribution to the Discussion

in Section C 1 (Preparation of Liquid Fuels — Petroleum)
of the Fourth World Power Conference
read at London on July 13th, 1950.

(Abridged text.)

A new method of computing fractionation columns for multicomponent mixtures.

In a number of papers published in the "Transactions of the American Institute of Chemical Engineers," in "Industrial and Engineering Chemistry," and in other periodicals, Lewis, Cope, Gilliland, Smith, and others tried to find a suitable reflux ratio and the necessary number of trays for any wanted fractionation of multicomponent mixtures. The method developed by McCabe and Thiele for two-component mixtures in connection with key fractions is very useful to get a survey, but the endeavours of the quoted authors indicate the desire to find a solution of the problem which gives more specific results.

The author tried a new approach to the problem developed in the last months, based upon graphs of equilibria of multicomponent mixtures proposed by Hoffmann and published in 1944 in "Zeitschrift des Vereins deutscher Ingenieure," supplements "Verfahrenstechnik."

The possibility of reproducing the pressure—temperature curves of hydrocarbons as straight lines by using a logarithmic pressure scale and a modified reciprocal temperature scale are well known, cf. fig. 1, pag. 4 of this book[1]. It is helpful to transform this graph by using as parameter the abscissa $1/\tau$ and as abscissa the former parameter which indicates any distinct hydrocarbon, cf. fig. 3, p. 5 and eq. (1), p. 3.

Each point of the abscissa means a distinct hydrocarbon fixed by its boiling point at any convenient pressure. According to Hoffmann it is useful to combine this graph with a modified form of Raoult's Law. A mixture M composed of several components m_1, m_2, etc. will separate under any chosen conditions of pressure and temperature into a vapour phase D and a liquid phase F, cf. eq. (4), p. 7. Very simple

---

[1] Also the following quotations indicate figures, tables, or equations printed in this book, which were shown at London by means of lantern slides.

relations constitute a new form of Raoult's Law, in which π is constant for any chosen conditions of state, cf. eq. (5) to (8), p. 8. By applying these equations we can easily find — cf. table 1, p. 10 —

i) the bubble point of the mixture and the composition of the vapour phase in equilibrium with the liquid phase,

ii) the dew point of the mixture and the composition of the liquid phase in equilibrium with the vapour phase, and

iii) all compositions of vapour and liquid at each point between these two limiting points.

Furthermore it is essential to combine the logarithmic pressure scale with a logarithmic scale for the composition. The graphical solution for a model mixture of eleven components is shown in fig. 5, p. 13. The multiplications and divisions of the formulae become simple additions and subtractions because of the logarithmic scales of pressure and of quantity of each component. For computing it is best to use forms prepared for this purpose, as shown in table 1, p. 10 or table 2, p. 12.

Fig. 12, p. 29, shows the application to the A.S.T.M.-distillation of the model mixture just mentioned. The true-boiling-point distillation curve a resembles steps according to the composition of said mixture; the figure contains also the computed A.S.T.M.-distillation curve c and the computed flash-vaporization curve b of the mixture. The alteration of the mixture in the flask is shown in figs. 10 and 11, p. 26 and 28.

So far the results are obtained by a simple application of Hoffmann's method. It was tempting to investigate whether this method is applicable to the practical computation of fractionating columns. With an infinite reflux ratio the composition of the vapour penetrating the liquid of a bubble plate is identical with the composition of the liquid on the plate itself, as shown by the method of McCabe and Thiele for two-component mixtures in fig. 13, p. 31. By calculating in an analogous way the equilibria of a multicomponent mixture from tray to tray we alternately find the compositions of liquid and of vapour.

The graph fig. 15, p. 34, indicates that there is no sharp fractionation. When using many plates, only the first and the last component can be obtained in a pure state. In practice this happens by distilling tar to obtain benzene and its homologues. However, the distillation of petroleum is done for the purpose to produce sharply fractionated products. As an example their composition is shown in chart fig. 16, p. 36, in comparison with the model mixture used as feed. Together with the composition of the desired products the most probable reflux ratio must be selected. Thereafter it will be necessary to investigate whether the computation of the compositions on the single trays from top and bottom leads to a conformable composition on the feed plate. The two graphs figs. 17 and 18, p. 41 and 43, show the result of the calculation corresponding to a reflux ratio $v = 2$.

The first one indicates the compositions of the vapour above the several trays between top and feed plate marked d_1, d_2, etc. The heavy dotted line f_{10} would denote the composition of the liquid on the feed tray in equilibrium with the composition of vapour d_{10}. Correspondingly the second graph shows the compositions f_n, f_{n-1}, etc. of the liquid on the several trays between the bottom and the feed plate. The heavy dotted line marked f_{10} is identical with the one shown on the preceding graph. The discrepancy between the f_{10}-line and the f_{n-10}-line is not very great, although we necessarily had to base the first calculation on two separate assumptions which in reality are not independent. By repeating the calculation this discrepancy can be practically eliminated. But it is essential that the number of theoretical trays, first computed, will not be materially affected by adapting the reflux ratio—provided no gross error occured in its first supposition.

An analytical solution of the problem for a mixture of eleven components to be distilled on twice ten theoretical plates—the equality of the number above and below feed plate is only a concomitant of chance—would mean the solution of 220 equations with 220 unknown quantities. Without the help of this new method such calculus would be economically unreasonable. Moreover the method gives an insight into the behaviour of a column hitherto not accomplished. It may be extended to calculations of columns with side streams as well as to calculations considering the alteration of the heat of vaporization of the products.

In addition to the applications of the method touched upon in the preceding text the calculation of the change of state in tube-still heaters is treated in chapter 4c, p. 16 of this book. The dates for this computation are developed in chapter 5 where the calculation of enthalpy and of latent heat of vaporization of multicomponent mixtures is explained.

The English reader will find a translation of the contents on the following page and a survey of the supplementary tables 15 to 19 (appendix) on p. 51.

B. Riediger.

Contents.

(Translated.)

Inhaltsverzeichnis.

1. Einleitung.

Bei vielen Aufgaben der Destillationstechnik handelt es sich darum, Gemische zu trennen, die nicht nur aus zwei Komponenten, sondern aus mehreren, meist sogar aus unbekannt vielen Komponenten bestehen. Das letzte ist besonders der Fall, wenn natürlich gewonnene Erdöle verarbeitet werden oder Gemische von Kohlenwasserstoffen, die durch Hydrieren, Synthese oder auf ähnliche Weise hergestellt sind. Von den für die Berechnung von Fraktionierkolonnen vorgeschlagenen Verfahren hat das graphische Verfahren nach McCabe und Thiele[1] den meisten Anklang gefunden. Dies verdankt es wohl seiner Anschaulichkeit und einfachen Handhabung, doch ist es nur für Zweistoffgemische gültig; deren Gleichgewichtskurve kann aber vom idealen Verlauf abweichen. Es darf nicht übersehen werden, welche Voraussetzungen dem Verfahren zugrunde liegen. Vor allem sind dies die Annahme siedenden Eintrittes des zu trennenden Gemisches sowie gleichbleibender und gleicher molarer Verdampfungswärme der beteiligten Komponenten; vgl. auch Abschnitt 7b, Seite 31.

Es hat seit Veröffentlichung des Verfahrens vor 25 Jahren nicht an Versuchen gefehlt, es so umzugestalten und zu erweitern, daß mit seiner Hilfe praktische Aufgaben der Destillation von Mehr- und Vielstoffgemischen gelöst werden können. Besonders im us.-amerikanischen Schrifttum finden sich zahlreiche Arbeiten, die für die Zeit bis 1944 in der von Stage und Schultze besorgten Zusammenstellung zu finden sind[2]. Weitere Vorschläge wurden seither z. B. von Edmister, Underwood u. a. gemacht[3].

Einer der üblichen Wege, das Berechnungsverfahren von McCabe und Thiele für Vielstoffgemische anzuwenden, ist das Rechnen mit sog. Schlüsselkomponenten. Man versteht darunter zwei — meist nur gedachte — Komponenten des zu trennenden Gemisches, deren Siedepunkte einander einigermaßen benachbart sind. Sie sind so zu wählen, daß bei der gestellten Trennaufgabe die höher siedende der beiden Schlüsselkomponenten nur mehr in entsprechend geringer Konzentration im Kopfprodukt er-

---

[1] McCabe, W. L., und E. W. Thiele: Graphical Design of Fractionating Columns. Ind. Engng. Chem. Bd. 17 (1925) S. 605/11. — Badger, W. L., und W. L. McCabe: Elemente der Chemie-Ingenieur-Technik, Berlin: Springer 1932 S. 257 ff. — Kirschbaum, E.: Destillier- und Rektifiziertechnik, 2. Aufl. Berlin/Göttingen/Heidelberg: Springer 1950 S. 124 ff.

[2] Stage, H., und Gg. R. Schultze: Die grundlegenden Arbeiten über Theorie, Apparate sowie Verfahren der Destillation und Rektifikation. Herausgeg. vom VDI-Fachausschuß für Verfahrenstechnik. Berlin: VDI-Verlag 1944 S. 16 ff.

[3] Edmister, W. C.: Multicomponent Fractionation Design Method. Trans. Am. Inst. Chem. Engrs. Bd. 42 (1946) S. 15/23; ders.: Effective Absorption and Stripping Factors for Multicomponent Fractionation Calculation. Chem. Engng. Progr. Bd. 44 (1948) S. 615/18. — May, J. A.: Minimum Reflux Ratio for Multicomponent Distillation. Ind. Engng. Chem. Bd. 41 (1949) S. 2775/82 mit Nachtrag Bd. 42 (1950) S. 929/30. — Underwood, A. J. V.: Fractional Distillation of Multicomponent Mixtures. Chem. Engng. Progr. Bd. 44 (1948) S. 603/14 und Ind. Engng. Chem. Bd. 41 (1949) S. 2844/47 (die zweite Arbeit ist in der Hauptsache auf Füllkörpersäulen zugeschnitten). — Shiras, R. N., D. N. Hanson und C. H. Gibson: Calculation of Minimum Reflux in Distillation Columns. Ind. Engng. Chem. Bd. 42 (1950) S. 871/76. — Murdoch, G.: Multicomponent Distillation. Chem. Engng. Progr. Bd. 44 (1948) S. 855/62; Bd. 46 (1950) S. 36/43. — Alder B. J., und D. N. Hanson: Algebraic Calculation of Distillation Columns. Chem. Engng. Progr. Bd. 46 (1950) S. 48/54.

scheint und die tiefer siedende Komponente in ebenfalls geringer, der Trennaufgabe entsprechender Konzentration im Sumpfprodukt auftritt. Man kann dann annehmen, daß die Konzentration noch höher siedender Anteile im Kopfprodukt und noch niedriger siedender Anteile im Sumpfprodukt mit der Entfernung der Siedepunkte von den Siedepunkten der Schlüsselkomponenten auf vernachlässigbare Werte abnimmt.

Das Verfahren mit Hilfe der Schlüsselkomponenten hat sich bei der Berechnung für Anlagen der Erdölindustrie durchaus bewährt, zumal gerade in den Vereinigten Staaten von Amerika derart reiche Betriebserfahrungen vorliegen, daß die Annahme zweckentsprechender Schlüsselkomponenten und die Deutung der Ergebnisse keine Schwierigkeiten macht. Es ist auf diese Weise möglich, die erforderliche theoretische Bodenzahl zu bestimmen und Schlüsse auf das Betriebsverhalten der Kolonne, die Temperaturverteilung u. ä. zu ziehen.

Es muß jedoch noch auf einen Umstand hingewiesen werden, der nicht übersehen werden darf. Von den zu trennenden Gemischen kennt man meist nur die nach ASTM oder DIN ermittelte Siedeanalyse[1], während bei der Rechnung mit Hilfe des McCabe-Thiele-Verfahrens die Kenntnis der wahren Siedepunktskurve des Gemisches vorausgesetzt wird. Dies ist auch erforderlich, um die verschiedentlich in den bereits erwähnten Arbeiten vorgeschlagenen Erweiterungen dieses Verfahrens anwenden zu können. Wohl sind Regel und Vorschläge bekannt, um aus dem Verlauf der Destillationskurve Rückschlüsse auf die Inhaltsstoffe der Gemische zu ziehen, doch versagen sie meist dann, wenn Gemische vorliegen, deren Zusammensetzung von denen bisher untersuchter Gemische erheblich abweichen.

Dies war z. B. auch der Fall, als mit der Entwicklung der Herstellung von Hydrier- und Syntheseprodukten die Aufgabe auftauchte, Gemische destillativ zu verarbeiten, für welche die mit natürlichen Erdölen gewonnenen Erfahrungen nicht ausreichten. Auch legte der sehr erhebliche Aufwand an Rechenarbeit bei einigen der vorgeschlagenen Verfahren den Wunsch nahe, einen Weg zu finden, auf dem es möglich ist, mit erträglichem Aufwand an Arbeit einen Einblick in das Verhalten von Fraktionierkolonnen zu gewinnen, bei dem die Einflüsse einer größeren Zahl von Komponenten zu erkennen sind.

Die Grundlagen für ein solches Verfahren wurden vor mehreren Jahren von Hoffmann und Florin entwickelt und veröffentlicht[2]. Da die (zweite) Arbeit von Hoffmann über die Darstellung der Gleichgewichte zwar noch gedruckt wurde, die Hefte jedoch wegen der Kriegsereignisse Anfang 1945 nicht mehr an die Bezieher ausgeliefert wurden, sollen zunächst die darin enthaltenen Grundlagen des hier vorgeschlagenen Berechnungsverfahrens dargelegt werden. Die Kenntnis der wahren Siedepunkte der einzelnen Komponenten oder eine brauchbare Annahme darüber kann auch bei diesem Verfahren nicht entbehrt werden.

---

[1] ASTM D 285—41 (Distillation of Crude Petroleum), ASTM D 86—46 (Distillation of Gasoline, Naphtha, Kerosine, and Similar Petroleum Products), ASTM D 185—41 (Distillation of Gas Oil and Similar Distillate Fuel Oils), ASTM D 216—40 (Distillation of Natural Gasoline), DIN 51751 (Prüfung des Siedeverlaufes), DIN 51752 (Prüfung des Siedeverhaltens von Dieselkraftstoffen und ähnlichen Stoffen), DIN 51761 (Prüfung des Siedeverlaufs nach Kraemer-Spilker).

[2] Hoffmann, W., und F. Florin: Zweckmäßige Darstellung von Dampfdruckkurven. Z. VDI Beihefte Verfahrenstechnik 1943 S. 47/51; Hoffmann, W.: Berechnung und zeichnerische Darstellung von Dampf-Flüssigkeits-Gleichgewichten idealer Vielstoffgemische. Z. VDI Beihefte Verfahrenstechnik 1944 S. 81/90. Vgl. dazu auch die neuere Arbeit F. Florin: Darstellung von Dampfdruckkurven. Forsch. Ing. Wesen Bd. 16 (1949/50) S. 147/53.

2. Darstellung der Dampfdruckkurven von Kohlenwasserstoffen.

Es ist zulässig anzunehmen, daß sich die in der Erdölindustrie zu verarbeitenden Roh- und Zwischenprodukte bei den üblichen Betriebsbedingungen ideal verhalten. D. h. nicht nur, daß sie in allen Verhältnissen miteinander mischbar sind, sondern daß auch ihre Dampf—Flüssigkeits-Gleichgewichte dem noch zu besprechenden Raoultschen Gesetz gehorchen und daß dementsprechend die zwar definitionsgemäß immer nur für je zwei von ihnen darstellbare Gleichgewichtskurve mit Hilfe des genannten Gesetzes aus dem Verlauf des Dampfdruckes der einzelnen Komponenten abgeleitet werden kann. Diese Annahme trifft nach bisher vorliegenden Erfahrungen im allgemeinen auch für die durch Synthese nach Fischer und Tropsch oder durch Hydrieren nach Bergius und Pier gewonnenen Produkte zu. Wieweit diese Annahme die Verhältnisse bei Hochtemperaturteeren und Zwischenprodukten der Kohlenwertstoff-Industrie richtig wiedergibt, mag dahingestellt bleiben. Es ist bekannt, daß bei diesen größtenteils aromatischen Produkten mit Azeotropismus oder zumindest mit Abweichungen vom Verhalten idealer Gemische zu rechnen ist.

Von Cox[1] wurde wohl als erstem der Versuch gemacht, durch Wahl eines logarithmischen Druckmaßstabes und eines modifizierten reziproken Temperaturmaßstabes Dampfdruckkurven als gerade Linien darzustellen. Es zeigte sich, daß sich die Dampfdrucklinien von Stoffen, die zu Gruppen mit chemisch ähnlichem Aufbau gehören, oft in einem Punkt des von Cox vorgeschlagenen Koordinatennetzes schneiden. Dies ist nicht nur bei Kohlenwasserstoffen der Fall, sondern auch bei vielen ihrer Derivate, so bei Estern, Ketonen, Halogeniden und manchen anderen. Im us.-amerikanischen Schrifttum werden diese Punkte als Unendlichkeitspunkte bezeichnet[2]. Der Temperaturmaßstab ist nämlich so modifiziert, daß diese Punkte auf der Ordinate durch den Ursprung liegen, so daß der zugehörige reziproke Abszissenwert unendlich ist.

a) Das lg p, $1/\tau$-Diagramm.

In Anlehnung an Cox haben nun Hoffmann und Florin eine Umformung der Temperaturskala angegeben, welche die Dampfdruckkurven der hier in der Hauptsache interessierenden Kohlenwasserstoffe mit großer Genauigkeit zu geraden Linien macht, die sich alle in einem Punkt schneiden[3]. Sie wählen für die Abszisse der Darstellung die Größe $1/\tau$ statt der von Cox nach einem bestimmten Stoff — meist Wasser oder Quecksilber — ausgerichteten Temperaturskala. Diese Temperaturfunktion τ hängt von der in °K gemessenen absoluten Temperatur T gemäß folgender Beziehung ab:

$$1/\tau = 1/T - 7{,}9151 \cdot 10^{-3} + 2{,}6726 \cdot 10^{-3} \lg T - 0{,}8625 \cdot 10^{-6} \, T. \qquad (1)$$

Eine Tabelle der τ-Werte für Temperaturen, die von 5 zu 5° gestuft sind, ist in der

---

[1] Cox, C. R.: Pressure-Temperature Chart for Hydrocarbon Vapors. Ind. Engng. Chem. Bd. 15 (1923) S. 592/93. Vgl. auch B. F. Dodge: Chemical Engineering Thermodynamics. New York/London: McGraw Hill 1944 S. 249.

[2] Dreisbach, R. R., und S. A. Shrader: Vapor Pressure-Temperature Data on Some Organic Compounds. Ind. Engng. Chem. Bd. 41 (1949) S. 2879/80. Vgl. auch R. R. Draisbach und R. S. Spencer: Infinite Points of Cox Chart Families and dt/dP Values at Any Pressure. Ebenda S. 176/181.

[3] Siehe Fußnote 2, Seite 2.

Arbeit von Hoffmann und Florin veröffentlicht und bei Riediger[1] abgedruckt. Da es für manche Aufgaben zweckmäßig ist, die τ-Werte und die $1000/\tau$-Werte für eine engere Stufung der T-Werte zur Verfügung zu haben, findet sich im Anhang die erweiterte, von Florin ausgearbeitete Zahlentafel 16 mit Temperaturschritten von 1°. Mit ihrer Hilfe ist es leichter möglich, bei gegebener Temperatur T den Wert τ durch lineare Interpolation genügend genau zu bestimmen, als ihn aus Gl. (1) zu berechnen. In umgekehrter Richtung ist Gl. (1) wegen ihrer Transzendenz überhaupt nur durch Probieren zu lösen; daher führt die Zahlentafel viel schneller zum Ziel.

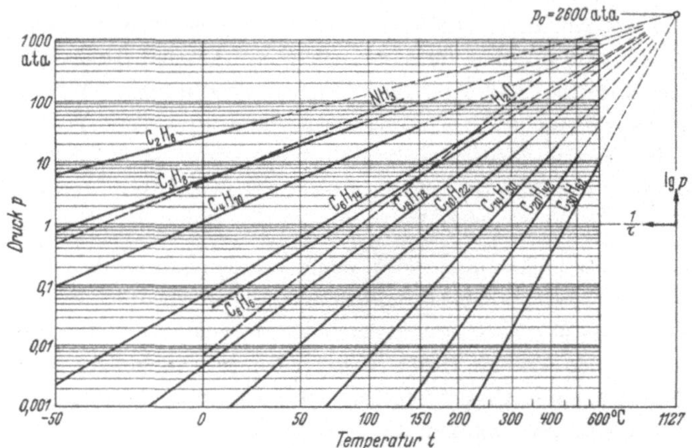

Abb. 1. Dampfdruckkurven paraffinischer Kohlenwasserstoffe sowie von Benzol im lg p, $1/\tau$-Diagramm. Zum Vergleich sind gestrichelt die Kurven für Wasser und Ammoniak eingetragen.

Der Verlauf der Dampfdruckkurven von Kohlenwasserstoffen in einem solchen lg p, $1/\tau$-Diagramm ist aus Abb. 1 zu sehen. Der Unendlichkeitspunkt, von Hoffmann und Florin Pol genannt, liegt bei dieser Darstellung bei $p_0 = 2600$ ata und $t_0 = 1127°$ C $(T_0 = 1400°$ K$)$.

b) Das lg p, σ-Diagramm.

Es ist zweckmäßig, die Darstellung der Abb. 1 so umzuformen, daß ein Kennzeichen für die einzelnen Stoffe als Abszisse gewählt wird, die Temperatur jedoch als Parameter erscheint. Dies ist auf einfache Weise möglich, wie ebenfalls Hoffmann und Florin gezeigt haben[2]. Sie benutzen zur Kennzeichnung der von ihnen so genannten Polstoffe den τ-Wert, der deren Siedetemperatur bei 1 ata entspricht und bezeichnen ihn mit σ (Stoffwert). In Abb. 1 sind also die dargestellten Geraden Linien, für die $\sigma =$ konst. ist. Sie schneiden auf der $1/\tau$-Achse, wie Abb. 2 zeigt, den Abszissenwert $1/\sigma$ ab. Ihre Gleichung im lg p, $1/\tau$-Bild lautet, wie sich aus Abb. 2 ableiten läßt,

$$\lg p = -\frac{1}{\tau}\,\sigma \lg p_0 + \lg p_0. \tag{2}$$

---

[1] Riediger, B.: Brennstoffe, Kraftstoffe, Schmierstoffe. Berlin/Göttingen/Heidelberg: Springer 1949 S. 224/25.
[2] Siehe Fußnote 2, Seite 2.

Faßt man in dieser Gleichung nicht $-\sigma \lg p_0$ als Richtungstangens der Geraden auf, sondern betrachtet σ als Abszisse und $-1/\tau \cdot \lg p_0$ als Richtungstangens in einem neuen Koordinatensystem, so bleibt wegen der Linearität der Beziehung der Charakter der Linien als Gerade gewahrt. Man erhält für jede den τ-Werten entsprechende Temperatur Gerade, die ebenfalls alle durch einen gemeinsamen Pol mit dem Koordinaten $\sigma_0 = 0$, $\lg p_0$ gehen. Dabei hat $\lg p_0$ denselben Wert wie in der ursprünglichen Darstellung, dem $\lg p$, $1/\tau$-Diagramm (Abb. 1), weil der Druckmaßstab nicht geändert wurde.

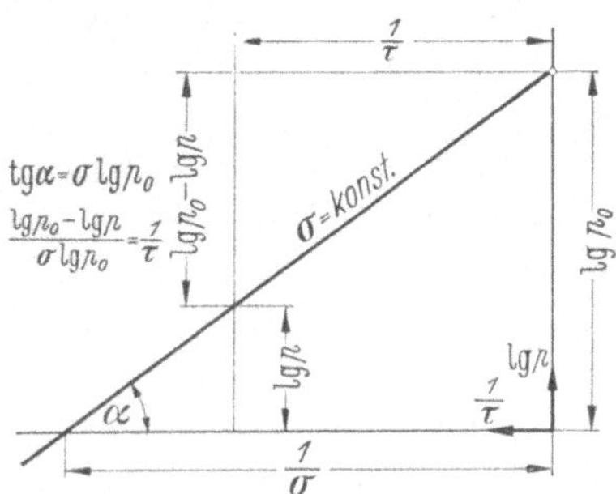

Abb. 2. Geometrische Beziehungen der Dampfdrucklinien.

In der neuen Darstellung der Abb. 3 sind also nur Parameter und Abszissen gegenüber der Abb. 1 vertauscht. Jeder Stoff ist entsprechend seinem Siedepunkt bei $p = 1$ ata durch einen entsprechenden Abszissenwert σ gekennzeichnet. Die Abszissenachse wird aber wegen der besseren Handhabung nach den Stoffen selbst oder nach den zugehörigen Siedepunkten t_a beziffert, wovon bei den folgenden Darstellungen Gebrauch gemacht ist.

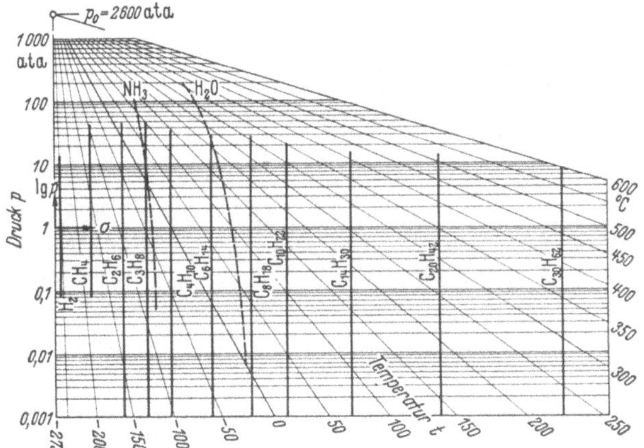

Abb. 3. Dampfdruckkurven paraffinischer Kohlenwasserstoffe im lg p, σ-Diagramm. Zum Vergleich sind gestrichelt die Kurven für Wasser und Ammoniak eingetragen.

3. Berechnung der Gleichgewichte von Vielstoffgemischen nach Hoffmann.

Die Darstellung von Dampfdruckkurven nach Abb. 3 benutzte Hoffmann in Verbindung mit einer Umformung der Raoultschen Beziehung, um zu einer einfachen und übersichtlichen Bestimmung von Gleichgewichten bei Vielstoffgemischen zu kommen. Die Raoultsche Gleichung wird gewöhnlich in der Form

$$p \cdot x = P \cdot y, \tag{3}$$

mitunter auch mit etwas anderen Formelzeichen geschrieben. Sie gilt für irgendeine beliebige Temperatur. Es bedeuten darin:

p den Dampfdruck der betrachteten Komponente allein,

x den in Mol ausgedrückten Anteil dieser Komponente in der flüssigen Phase,

$P = \Sigma\,(p \cdot x)$ den Gesamtdruck des mit der flüssigen Phase im Gleichgewicht stehenden Dampfes,

y den in Mol ausgedrückten Anteil der betrachteten Komponente in der Dampfphase.

Diese Beziehung gilt nur für Gemische, die sich ideal verhalten, was — wie bereits erwähnt — bei Erdölkohlenwasserstoffen und ähnlichen Gemischen mit ausreichender Genauigkeit angenommen werden kann. Die Beziehung ist eine Erweiterung des Henryschen Gesetzes mit Hilfe des Daltonschen Gesetzes über die Teildrücke[1].

Alle Berechnungsverfahren, die auf dieser Beziehung aufbauen, setzen also voraus, daß man die Zusammensetzung der zu verarbeitenden Gemische kennt oder auf Grund von Destillations-Analysen in der Lage ist, einigermaßen zutreffende Schlüsse darauf zu ziehen. Bei nicht zu hoch siedenden Gemischen ist es heute mit Hilfe verfeinerter Geräte wie z. B. der Podbielniak-Apparatur möglich, eine wahre Siedepunktlinie zu ermitteln. Die Kenntnis oder zuverlässige Annahme der Zusammensetzung der Gemische ist eine unerläßliche Voraussetzung, weil es sonst nicht möglich ist, den Einfluß der einzelnen Komponenten richtig in Rechnung zu stellen. Es wird gezeigt werden, wie man mit Hilfe des hier vorgeschlagenen Verfahrens aus der wahren Siede-punktslinie die übliche ASTM- oder Engler-Destillationskurve ermitteln kann. Es erscheint nicht ausgeschlossen, daß eine Anwendung des Verfahrens auf zahlreiche Gemische und die Kontrolle der Ergebnisse an Hand von Laboratoriumsversuchen einen Weg öffnet, um umgekehrt aus den üblichen Destillationskurven mit einiger Wahrscheinlichkeit auf die Zusammensetzung schließen zu können.

Es sind auch hiefür verschiedene Ansätze vorhanden, bei denen es meist darauf ankommt, aus der Destillationskurve den Verlauf der Flashkurve zu bestimmen oder umgekehrt[2]. Diese Verfahren sollen hier übergangen werden, ohne daß damit ihr Wert irgendwie in Frage gestellt wird. Sie eignen sich aber kaum für die hier angestrebte Lösung des Problems, die mit grundsätzlich anderen Mitteln versucht wird.

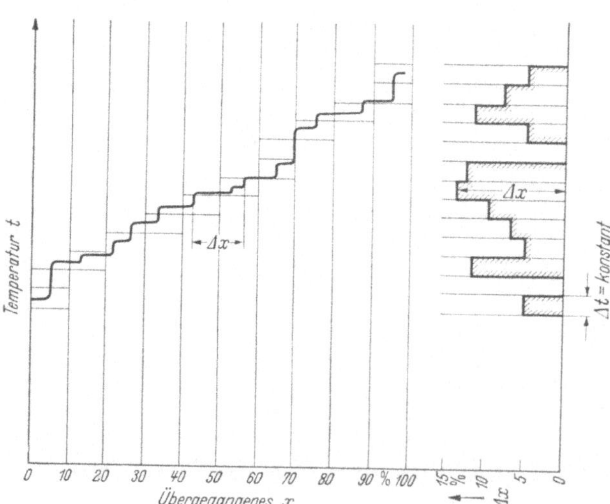

Abb. 4. Wahre Siedepunktskurve eines Vielstoffgemisches (schematisch) und Zusammenhang dieser Summenkurve mit der von Mallison vorgeschlagenen Differenzenlinie.

[1] Vgl. Eucken, A.: Grundriß der physikalischen Chemie. 6. Aufl. Leipzig: Akademische Verlagsanstalt 1948 S. 232. — Eggert, J., und L. Hock: Lehrbuch der physikalischen Chemie. 7. Aufl. Leipzig: Hirzel 1948 S. 322. — Marder, M.: Motorkraftstoffe. Berlin: Springer 1942 S. 66. — Badger-McCabe: a. a. O. S. 248.
[2] Vgl. Marder, M.: a. a. O. S. 72ff.

Es wird also vorausgesetzt, daß die Zusammensetzung des zu verarbeitenden Gemisches bekannt ist. Mallison[1] hat den Vorschlag gemacht, statt der als Treppenkurve erscheinenden wahren Siedelinie, die eine Summenkurve, im Grenzfall stetiger Übergänge eine Integralkurve ist, die Mengen des in einzelnen Temperaturintervallen Übergegangenen aufzutragen, wie dies Abb. 4 zeigt. Man kann nun statt einer linearen Temperaturteilung eine Abszissenteilung verwenden, die nach den von Hoffmann und Florin vorgeschlagenen σ-Werten gestuft ist. Auch wenn die Einzelstoffe, wie dies bei höher siedenden Gemischen in der Regel der Fall ist, nicht bekannt sind, erscheint es zulässig, das Gemisch im gesamten Siedebereich in Stufen von z. B. 20° zu teilen und den so gekennzeichneten Temperaturpunkten die Mengen zuzuordnen, die in einem Bereich sieden, das von 10° unterhalb bis 10° oberhalb des betrachteten Temperaturpunktes reicht.

a) Umformung der Raoultschen Gleichung.

Das zu untersuchende Gemisch bestehe aus insgesamt $M = \Sigma\, m_i$ Molen. Darin bedeutet m_i die Molmenge der einzelnen, durch den Index unterschiedenen, gedachten Komponenten, die nach Vorstehendem durch ihre wahren Siedepunkte mit gleichmäßigem Siedepunktsabstand gekennzeichnet sind. Die gleichmäßige Teilung ist zweckmäßig, jedoch nicht notwendige Voraussetzung der Gültigkeit des Berechnungsverfahrens. Es kann von ihr ohne weiteres abgewichen werden, soweit dies angebracht ist. Dies wird im Bereich verhältnismäßig tief siedender Gemische der Fall sein, z. B. bis zum Pentan oder Hexan, bei denen die Siedepunkte der einzelnen Kohlenwasserstoffe noch genügende Abstände aufweisen und die Isomerie die Unterscheidungsmöglichkeit nicht erschwert. Man wird dann selbstverständlich die vorhandenen Mengen auf den den wahren Siedepunkten entsprechenden Abszissenwerten auftragen. Die Anwendbarkeit des Berechnungsverfahrens wird dadurch nicht beeinträchtigt. Im Bereich höher siedender Gemische hat man jedoch keine andere Möglichkeit, als die vorhandenen Komponenten in Gruppen zusammenzufassen. In diesem Fall besteht kein Anlaß, sich nicht die Vorteile einer gleichmäßigen Temperaturteilung zunutze zu machen.

Bei der Ermittlung von Dampf—Flüssigkeits-Gleichgewichten ist die Frage zu beantworten, wie sich die einzelnen Komponenten des Gemisches auf die dampfförmige und auf die flüssige Phase verteilen. Bezeichnet man die im Dampf vorhandenen Mengen mit d_i und die in der Flüssigkeit vorhandenen mit f_i, wobei der Index wieder auf die Kennzeichnung der einzelnen Komponenten hinweist, so gelten die ganz einfachen Beziehungen

$$m_i = d_i + f_i \tag{4a}$$

$$M = \Sigma\, m_i = \Sigma\, d_i + \Sigma\, f_i = D + F. \tag{4b}$$

---

[1] Mallison, H.: Graphische Darstellung der Siedeanalyse von Mineralölen. Kraftstoff Bd. 17 (1941) S. 231. — Der Vorschlag von F. W. Meier-Grolman und F. Wesoloffsky: Eine neue graphische Methode zur Auswertung der Engler-Destillation. Öl und Kohle Bd. 37 (1941) S. 297/300 verfolgt einen ähnlichen Zweck, doch ist zu beachten, daß es hier nicht auf die Werte aus der Engler-Analyse, sondern auf die aus der wahren Siedepunktskurve ankommt.

Man kann den Index i als selbstverständlich weglassen und erhält durch eine einfache Umformung die beiden Beziehungen

$$d = \frac{m}{f/d + 1},$$
$\qquad$ (5a)

$$f = \frac{m}{d/f + 1}.$$
$\qquad$ (5b)

Die Größen d und f in diesen Gleichungen sind als Funktionen von m und einer Größe d/f bzw. ihrem Reziprokwert dargestellt. Hoffmann nennt die Größe d/f „Frakturzahl" oder kurz „Fraktur". Es ist zu beachten, daß im Hinblick auf die in der Raoultschen Gl. (3) benutzten Beziehungen die Größen für die Molzahlen von Dampf und Flüssigkeit folgende Bedeutung haben:

$$f/F = x,$$
$\qquad$ (6a)

$$d/D = y.$$
$\qquad$ (6b)

Setzt man diese Werte in die Raoultsche Gleichung ein und vertauscht den linken Nenner mit dem rechten Zähler, so erhält man

$$p\,\frac{f}{d} = P\,\frac{F}{D} = \pi.$$
$\qquad$ (7)

Darin ist π der auf die Gesamtmenge zu beziehende „Frakturdruck", dessen Dimension so wie die Dimensionen von p und P gleich at (kg/cm^2) ist. Der Wert π ist nach Gl. (7) sowohl für jede einzelne Komponente als auch für das ganze Gemisch bei einer bestimmten Temperatur gleich. Man kann nun die Nenner der Gl. (5) mit Hilfe der Gl. (7) umformen und erhält so als endgültige Beziehungen

$$d = \frac{m}{\pi/p + 1},$$
$\qquad$ (8a)

$$f = \frac{m}{p/\pi + 1}.$$
$\qquad$ (8b)

Diese Gleichungen gelten für jede einzelne Komponente bei einer bestimmten, betrachteten Temperatur. Es erscheinen darin nur die vorgegebenen Mengen m, der Dampfdruck p der Komponente und der als Rechengröße zu betrachtende Frakturdruck π, dessen Bedeutung sich aus den nachstehenden Ausführungen ergeben wird.

Hoffmann hat den Vorschlag gemacht, das Ergebnis der nach der Gl. (8) durchzuführenden Division graphisch darzustellen und dazu ein Koordinatennetz nach Abb. 3 zu benutzen. Die Drücke sind dort logarithmisch aufgetragen. Wenn man also auch die Mengenwerte aus Abb. 4 rechts über σ als Abszisse logarithmisch aufträgt, hat man die Möglichkeit, die Divisionen als Subtraktionen darzustellen. Dies wird in Abschnitt 3d, Seite 13 erläutert werden.

b) Bedeutung des Frakturdruckes.

Es ist zweckmäßig, sich zunächst die Bedeutung des Frakturdruckes klarzumachen. Aus Gl. (7) geht hervor, daß der Weit π bei angenommenem Verhältnis der Mengen F/D proportional dem Gesamtdruck, also dem Betriebsdruck ist. Durch die Annahme des Wertes π bei gegebenem Betriebsdruck trifft man eine Entscheidung darüber, welcher Anteil der Gesamtmenge im Dampf und welcher Anteil in der Flüssigkeit vorhanden sein soll. Diese Möglichkeit folgt aus der Tatsache, daß bei einem Mehrstoffgemisch durch Druck und Temperatur noch nicht alle Zustandsgrößen festgelegt sind. Für den Wert π können alle Werte zwischen 0 und ∞ angenommen werden. Bei endlichem Druck P bedeutet die Annahme $\pi = 0$ den Tauzustand mit $F = 0$ und $D \neq 0$. Es steht im Grenzfall die Flüssigkeitsmenge null mit einer beliebig großen Dampfmenge im Gleichgewicht. Durch geringfügige Senkung der Temperatur werden die ersten Flüssigkeitstropfen ausgeschieden, womit der Wert π zu wachsen beginnt. Der zweite Grenzfall ist erreicht, wenn π den Wert ∞ annimmt, der bei endlichen Werten für P und M nur zu verwirklichen ist, wenn $D = 0$ wird; d. h. eine verschwindend kleine Dampfmenge steht mit einer beliebigen Flüssigkeitsmenge F im Gleichgewicht. Man bezeichnet diesen Fall als Siedezustand; Temperatur und Druck sind so groß, daß sich die ersten Dampfbläschen bilden. Im übrigen bietet ein Vergleich mit den bei Zweistoffgemischen beobachteten und eingehend untersuchten, analogen Verhältnissen[1] eine brauchbare Hilfe für das Verständnis der hier dargelegten Berechnungen.

c) Praktische Durchführung der Gleichgewichtsberechnung mittels Tabellen.

Vorstehende Ausführungen lassen sich am besten an Hand eines praktischen Beispieles verständlich machen. Dies ist in Zahlentafel 1 für das in Spalte 2 gekennzeichnete Modellgemisch von elf Komponenten geschehen. Man benötigt die Dampfdrücke für jede einzelne Komponente (Spalte 3). Um die Rechnung schnell durchführen zu können, ist im Anhang als Zahlentafel 15 eine Dampfdrucktafel für Kohlenwasserstoffe wiedergegeben, die sich auf die von Hoffmann angegebene Darstellung stützt. Sie ist für Temperaturschritte von 2° aufgestellt und reicht von 0° C bis 400° C; die Stoffe sind nach Schritten der Siedetemperatur von 10° bei 1 ata unterteilt und umfassen ebenfalls den Bereich von 0° C bis 400° C. Nur Drücke über 100 ata sowie unter 0,001 ata, die man bei der Rechnung kaum benötigt, sind fortgelassen.

Es darf nicht stören, daß in der Tafel Drücke angegeben sind, die z. T. weit über den kritischen Drücken der betreffenden Kohlenwasserstoffe liegen. Es ist aber erstens zu berücksichtigen, daß die Dampfdrücke der einzelnen Komponenten in den Beziehungen nur als Rechengröße erscheinen, die tatsächlichen Teildrücke jedoch oft niedriger sind.

Weiterhin ist folgendes zu beachten: Es wurden bisher die Verhältnisse in der Nähe des kritischen Gebietes in der Hauptsache nur bei Zweistoffgemischen untersucht[2]. Dabei hat man recht eigenartige Erscheinungen festgestellt. Jedenfalls können die kritischen Drücke von Gemischen erheblich höher liegen als die entsprechenden

[1] Vgl. z. B. Bošnjaković, F.: Technische Thermodynamik. 2. Teil. Dresden und Leipzig: Steinkopff 1937 S. 73 ff., insbesondere Abb. 74 bis 76.

[2] Vgl. Tammann, G.: Lehrbuch der Heterogenen Gleichgewichte. Braunschweig: Vieweg 1924, insbes. S. 80 ff.

Zahlentafel 1. *Schema der Gleichgewichtsberechnung des Modellgemisches für 140° C mit $\pi = 1,0$ ata.*

140° C			$\pi = 1,0$ ata							
			Siedezustand $f = m$		Tauzustand $d = m$		Gleichgewichtszustand			
$t_a \hat{=} \sigma$ °C	m mol	p ata	$\dfrac{1}{p}$	$d = \dfrac{m}{\frac{1}{p}}$	$\dfrac{p}{1}$	$f = \dfrac{m}{\frac{p}{1}}$	$\dfrac{1}{p}+1$	$d = \dfrac{m}{\frac{1}{p}+1}$	$\dfrac{p}{1}+1$	$f = \dfrac{m}{\frac{p}{1}+1}$
1	2	3	4	5	6	7	8	9	10	11
0	1,5	29,7	0,034	44,5	29,7	$0,05_1$		1,45	30,7	0,05
20	6,0	19,6	0,051	117,5	19,6	$0,30_6$		5,71	20,6	0,29
40	10,0	12,3	0,082	123,0	12,3	$0,81_4$		9,25	13,3	0,75
60	15,0	7,5	0,133	112,5	7,5	2,00		13,24	8,5	1,76
80	17,0	4,6	0,217	78,1	4,6	3,69		13,97	5,6	3,03
100	20,0	2,7	0,37	54,0	2,7	7,42		14,60	3,7	5,40
120	12,0	1,7	0,59	20,5	1,7	7,02		7,56	2,7	4,44
140	20,0	1,0	1,00	20,0	1,0	20,0	2,00	10,00		10,00
160	10,0	0,58	1,72	5,8	0,58	17,2	2,72	3,68		6,32
180	7,0	0,33	3,04	2,3	0,33	21,3	4,04	1,73		5,27
200	1,5	0,187	5,35	0,3	0,187	8,0	6,35	0,24		1,26
$M =$ 120,0			$D =$ 578,5 $F =$ 120,0		$F =$ 87,8 $D =$ 120,0		$D =$ 81,43		$F =$ 38,57	

$$P = \pi\,\frac{D}{F}$$

$$P = 1 \times \frac{578,5}{120} = 4,82 \text{ ata} \qquad P = 1 \times \frac{120}{87,8} = 1,369 \text{ ata} \qquad P = 1 \times \frac{81,43}{38,57} = 2,11 \text{ ata}$$

$$\xi = \frac{D}{M} = 0,678, \quad \frac{F}{M} = 0,322$$

$$\lg P = 0,68305 \qquad \lg P = 0,13640 \qquad \lg P = 0,32428$$

Werte der Einzelstoffe; auch die kritische Temperatur von Gemischen liegt im allgemeinen höher als die der tiefsiedenden Komponenten. Dieses Verhalten wird bei Vielstoffgemischen ebenfalls beobachtet[1]. Es kann also damit gerechnet werden, daß in Gemischen niedrig siedende Komponenten noch als Flüssigkeiten bei Zustandswerten auftreten, die über den kritischen Zustandswerten der Einzelstoffe liegen. Insofern erscheint es gerechtfertigt, in Zahlentafel 15 extrapolierte Druckwerte anzugeben, die größer sind als die kritischen Drücke der Einzelkomponenten. Deren Größe ist in der noch zu erwähnenden Zahlentafel 19 angegeben. Wie weit das Rechenverfahren selbst anwendbar bleibt, wenn man sich mit den tatsächlichen Teildrücken den kritischen Werten nähert, müßte noch untersucht werden. Da aber solche Fälle nur bei besonderen Aufgaben, vor allem bei der Verarbeitung sehr niedrig-molekularer Kohlenwasserstoffe auftauchen — soweit es sich um destillative Trennung handelt —, ist zunächst von der Behandlung dieser Frage abgesehen worden.

Zwischen den in Spalte 3 der Zahlentafel 1 und der folgenden Zahlentafeln benutzten Drücken p einerseits und den Werten der großen Zahlentafel 15 andererseits bestehen

---

[1] Hiezu seien zwei Bemerkungen als Beleg angeführt: Holcomb und Brown äußern sich in der in Fußnote 3, Seite 17, näher zu bezeichnenden Arbeit S. 593 im obenstehenden Sinne und in dem Bericht von E. Schmidt: Fortschritte der wärmetechnischen Forschung. Z. VDI Bd. 88 (1944) S. 75/78 findet sich nachstehender Hinweis (zu dem Vortrag von G. Seydel: Thermodynamische Aufgaben im kritischen Gebiet ablaufender, verfahrenstechnischer Prozesse): „In der Aussprache erwähnte G. Kling, Ludwigshafen, die merkwürdige Tatsache, daß Mischungen von Kohlenwasserstoffen der Paraffinreihe kritische Drücke vom drei- bis vierfachen Werte der einzelnen Komponenten besitzen." (Sperrdruck nicht im Original.)

Zahlentafel 16. *Funktionswerte* τ *und* $\dfrac{1000}{\tau}$ (Fortsetzung).

$t\,°C$	$T\,°K$	τ	$\dfrac{1000}{\tau}$	$t\,°C$	$T\,°K$	τ	$\dfrac{1000}{\tau}$
— 45	228	388,2	2,576	13	286	526,4	1,900
— 44	229	390,5	2,561	14	287	528,9	1,891
— 43	230	392,8	2,547	15	288	531,4	1,882
— 42	231	395,0	2,532	16	289	533,9	1,873
— 41	232	397,3	2,517	17	290	536,4	1,864
— 40	233	399,6	2,503	18	291	539,0	1,856
— 39	234	401,9	2,489	19	292	541,5	1,847
— 38	235	404,2	2,475	20	293	544,0	1,838
— 37	236	406,4	2,461	21	294	546,5	1,830
— 36	237	408,7	2,447	22	295	549,1	1,821
— 35	238	411,0	2,433	23	296	551,6	1,813
— 34	239	413,3	2,420	24	297	554,2	1,805
— 33	240	415,6	2,406	25	298	556,7	1,796
— 32	241	418,0	2,393	26	299	559,3	1,788
— 31	242	420,3	2,380	27	300	561,8	1,780
— 30	243	422,6	2,366	28	301	564,4	1,772
— 29	244	424,9	2,354	29	302	566,9	1,764
— 28	245	427,3	2,341	30	303	569,5	1,756
— 27	246	429,6	2,328	31	304	572,1	1,748
— 26	247	432,0	2,315	32	305	574,7	1,740
— 25	248	434,3	2,303	33	306	577,2	1,732
— 24	249	436,7	2,291	34	307	579,8	1,725
— 23	250	439,0	2,278	35	308	582,4	1,717
— 22	251	441,4	2,266	36	309	585,0	1,709
— 21	252	443,7	2,254	37	310	587,6	1,702
— 20	253	446,1	2,242	38	311	590,2	1,694
— 19	254	448,5	2,230	39	312	592,8	1,687
— 18	255	450,9	2,219	40	313	595,4	1,679
— 17	256	453,2	2,207	41	314	598,0	1,672
— 16	257	455,6	2,195	42	315	600,6	1,665
— 15	258	458,0	2,184	43	316	603,3	1,658
— 14	259	460,4	2,172	44	317	605,9	1,651
— 13	260	462,8	2,161	45	318	608,5	1,643
— 12	261	465,1	2,150	46	319	611,1	1,636
— 11	262	467,5	2,139	47	320	613,8	1,629
— 10	263	469,9	2,128	48	321	616,4	1,622
— 9	264	472,3	2,117	49	322	619,1	1,615
— 8	265	474,7	2,107	50	323	621,7	1,608
— 7	266	477,2	2,096	51	324	624,4	1,602
— 6	267	479,6	2,085	52	325	627,0	1,595
— 5	268	482,0	2,075	53	326	629,7	1,588
— 4	269	484,4	2,064	54	327	632,3	1,581
— 3	270	486,9	2,054	55	328	635,0	1,575
— 2	271	489,3	2,044	56	329	637,7	1,568
— 1	272	491,8	2,034	57	330	640,4	1,562
0	273	494,2	2,023	58	331	643,0	1,555
1	274	496,7	2,013	59	332	645,7	1,549
2	275	499,1	2,004	60	333	648,4	1,542
3	276	501,6	1,994	61	334	651,1	1,536
4	277	504,0	1,984	62	335	653,8	1,530
5	278	506,5	1,974	63	336	656,5	1,523
6	279	509,0	1,965	64	337	659,2	1,517
7	280	511,5	1,955	65	338	661,9	1,511
8	281	513,9	1,946	66	339	664,6	1,505
9	282	516,4	1,936	67	340	667,3	1,499
10	283	518,9	1,927	68	341	670,1	1,492
11	284	521,4	1,918	69	342	672,8	1,486
12	285	523,9	1,909	70	343	675,5	1,480

der Zusammensetzung von Dampf und Flüssigkeit auf und über den einzelnen Böden der Kolonne gleich in einem Rechnungsgang die gewünschten Mengen zu bestimmen, ohne daß es einer Umrechnung auf Prozentwerte oder sonstiger Hilfsmaßnahmen bedarf.

Man möge also beachten, daß bei dem Rechenschema der Zahlentafel 1, wie es im Kopf der Spalten 4 bis 7 angegeben ist, das vorgegebene Gemisch für die beiden Grenzzustände entweder nur als Dampf oder nur als Flüssigkeit betrachtet wird und daß die Gesamtmenge je nach Wahl des Druckes π beliebig geändert wird. Damit erklärt es sich auch, warum früher davon gesprochen wurde, daß π zwischen den beiden Grenzfällen Siede- und Tauzustand die Werte 0 bis ∞ durchläuft. Denn wenn man nur über die Menge M verfügt, diese aber im Siedezustand zunächst noch gleich F setzen muß, D also gleich null ist, so ist ein Wert für $P > 0$ nur mit $\pi = \infty$ zu erreichen. Daß man $D = 0$ setzt, ist der Ausdruck dafür, daß sich bei Erreichen des Siedezustandes die ersten Dampfblasen zu bilden beginnen, eine Dampfmenge selbst noch nicht vorhanden ist. Ganz ähnliche Überlegungen können bezüglich des Tauzustandes angestellt werden. Es ist zunächst $M = D$ und $F = 0$, d. h. es bilden sich die ersten Kondensattröpfchen. In diesem Falle kann sich ein endlicher Wert für P rein mathematisch nur einstellen, wenn $\pi = 0$ ist.

Diese Überlegungen sind notwendig, damit klar wird, warum es bei der praktischen Durchführung der Berechnung zweckmäßig ist, von den genannten Grenzwerten für π abzuweichen, ohne die Richtigkeit des Ergebnisses zu beeinflussen. Ein weiteres

Zahlentafel 2. *Gleichgewichtsberechnung für einen von 1 ata abweichenden Frakturdruck.*

150° C			$\pi = 3,0$ ata							
			Siedezustand $f = m$		Tauzustand $d = m$		Gleichgewichtszustand			
$t_a \,\hat{=}\, \sigma$ °C	m mol	p ata	$\dfrac{3}{p}$	$d = \dfrac{m}{\frac{3}{p}}$	$\dfrac{p}{3}$	$f = \dfrac{m}{\frac{p}{3}}$	$\dfrac{3}{p}+1$	$d = \dfrac{m}{\frac{3}{p}+1}$	$\dfrac{p}{3}+1$	$f = \dfrac{m}{\frac{p}{3}+1}$
1	2	3	4	5	6	7	8	9	10	11
0	1,5	34,6		17,31	11,54	0,130		$1,38_0$	12,54	$0,12_0$
20	6,0	23,1		46,10	7,70	0,779		$5,30_9$	8,70	$0,69_1$
40	10,0	14,7		49,00	4,89	2,045		$8,30_3$	5,89	$1,69_7$
60	15,0	9,2		46,00	3,07	4,89		11,31	4,07	3,69
80	17,0	5,8		32,80	1,935	8,79		11,21	2,935	5,79
100	20,0	3,45		23,00	1,15	17,40		10,70	2,15	9,30
120	12,0	2,12	1,42	8,45		17,00	2,42	4,97		7,03
140	20,0	1,30	2,31	8,67		46,20	3,31	6,05		13,95
160	10,0	0,76	3,95	2,53		39,60	4,95	2,02		7,98
180	7,0	0,44	6,82	$1,02_5$		47,60	7,82	$0,89_0$		$6,10_4$
200	1,5	0,25	12,00	$0,12_5$		18,00	13,00	$0,11_5$		$1,38_5$
$M = 120,0$			$D = 235,01$ $F = 120,0$		$F = 202,63$ $D = 120,0$		$D = 62,26$		$F = 57,74$	

$$P = \pi \, \frac{D}{F}$$

$$P = 3 \times \frac{235,01}{120,0} = 5,875 \text{ ata}$$
$$\lg P = 0,76903$$

$$P = 3 \times \frac{120,0}{202,63} = 1,777 \text{ ata}$$
$$\lg P = 0,24960$$

$$P = 3 \times \frac{62,26}{57,74} = 3,235 \text{ ata}$$
$$\xi = \frac{D}{M} = 0,519, \quad \frac{F}{M} = 0,481$$
$$\lg P = 0,50985$$

Beispiel einer Gleichgewichtsberechnung mit einem von 1 ata abweichenden π-Wert ist in Zahlentafel 2 wiedergegeben.

Bei der Bestimmung des Gleichgewichtes einer vorgegebenen Gemischmenge M, d. h. bei der Ermittlung der Anteile von Dampf und Flüssigkeit ist die Wahl des Frakturdruckes nicht mehr gleichgültig. Vielmehr legt man damit ein ganz bestimmtes, durch Gleichung (7) gegebenes Verhältnis von Dampf zu Flüssigkeit fest.

d) Graphische Darstellung der Gleichgewichte mit Hilfe eines logarithmischen Druck- und Mengenmaßstabes.

Das in Zahlentafel 1 ermittelte Ergebnis kann nach Hoffmann auch graphisch gewonnen werden, was in Abb. 5 Mitte erläutert ist. Der mit M bezeichnete Linienzug für die Zusammensetzung des Modellgemisches wird bei den folgenden Berechnungen noch wiederholt benutzt werden. Die in der Zahlentafel 1 ausgeführten Multiplikationen und Divisionen sind in der graphischen Darstellung wegen des logarithmischen Druck- und Mengenmaßstabes Additionen und Subtraktionen. Man sieht, daß die durch den Pol gehende Dampfdruckkurve p/π und das Spiegelbild für ihren Reziprokwert π/p die σ-Achse bei der angenommenen Temperatur von 140° C schneiden. Dies gilt allerdings nur, wenn $\pi = 1$ ata ist. In allen anderen Fällen sind die Dampfdruckgeraden und ihre Spiegelbilder parallel zu verschieben, und zwar so, daß sie die Ordinate für die der Rechnung zugrunde gelegte Temperatur bei dem Wert für $1/\pi$ bzw. π schneiden[1].

Aus den in Abb. 5 oben und unten wiedergegebenen Darstellungen können auch noch die Verhältnisse beim Tau- und Siedezustand entnommen werden. Allerdings sind dabei die Zusammensetzungen der Dampf- und Flüssigkeitsmengen so eingezeichnet, wie sie aus der Berechnung des Gleichgewichtszustandes folgen. Sie stimmen also nicht mit den in Spalte 4 bis 7 der Zahlentafel 1 zu findenden Werten überein, deren Zustandekommen bereits dargelegt wurde. Es ist an Hand der Abbildung nur zu erkennen, wie mit der

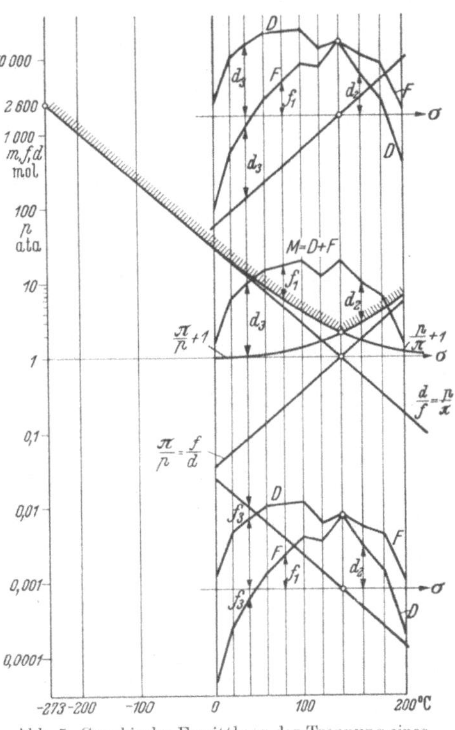

Abb. 5. Graphische Ermittlung der Trennung eines Vielstoffgemisches nach Hoffmann.

Dampfdruckkurve bzw. ihrem Spiegelbild allein für den Siede- und Tauzustand die Zusammensetzung der im Gleichgewicht existierenden Phasen anschaulich gemacht werden kann.

---

[1] Weiter wird auf diese Zusammenhänge hier nicht eingegangen, da sie bei dem vorgeschlagenen Berechnungsverfahren für Kolonnen nicht verwertet wurden. Sie sind eingehender in der in Fußnote 2, Seite 2, genannten zweiten Arbeit von Hoffmann behandelt. Nur in Abb. 9, Seite 22, der vorliegenden Arbeit ist von dieser Darstellungsweise Gebrauch gemacht.

Soweit nur die Mengen in diesen Diagrammen aufgetragen sind, kann man die Darstellungen als m, σ -, f, σ - oder d, σ - Diagramme bezeichnen, wovon später Gebrauch gemacht wird. Genau genommen müßte man von lg m, σ - Diagrammen usw. sprechen.

4. Rechnerische Ermittlung von Flashkurven.

Für die Destillationstechnik ist es sehr wichtig, die Zustände verfolgen zu können, die ein Vielstoffgemisch bei Änderung von Druck und Temperatur erleidet. Hiezu bietet die dargelegte Gleichgewichtsberechnung eine brauchbare Handhabe. Es ist üblich, die Kurven, die die Zusammensetzung eines Gemisches bei der Gleichgewichtsverdampfung unter konstantem Druck in Abhängigkeit von der Temperatur wiedergeben, als Flashkurven oder Entspannungskurven zu benennen. Es werden die dabei am Gleichgewicht beteiligten Gesamtmengen unverändert gelassen zum Unterschied von der Differentialverdampfung, wie sie bei den üblichen Destillationsanalysen nach Engler oder ASTM durchgeführt wird.

a) Flashkurven des Modellgemisches.

Der dargelegte Rechnungsgang zur Ermittlung von Gleichgewichten macht es erforderlich, die Temperatur anzunehmen und den Druck zu berechnen. Wenn man also die Flashkurve in der üblichen Darstellung ermitteln will, muß man zunächst die Kurven für konstante Temperaturen berechnen. Dies läßt sich auf einfache Weise durchführen, indem man, so wie in Zahlentafel 1 oder 2 gezeigt, den Siede- und Tauzustand des Gemisches für die in Betracht kommenden Temperaturen ermittelt. Wenn man dann noch zwei oder drei dazwischen liegende Gleichgewichtszustände nachrechnet, wird man in den meisten Fällen feststellen, daß die Drücke, logarithmisch über den Molenanteilen $\xi = \dfrac{D}{M}$ aufgetragen, praktisch auf Geraden liegen. Abweichungen vom geradlinigen Verlauf sind nur bei Gemischzusammensetzungen zu erwarten, die vollkommen aus dem Rahmen des Üblichen fallen. In Abb. 6a sind solche Linien für das Modellgemisch für einen weiten Temperaturbereich wiedergegeben. Daraus lassen sich die Flashkurven der üblichen Darstellung, wie sie Abb. 6b zeigt, leicht ableiten, indem man die Schnitte der linken Geradenschar mit den einzelnen Druckwerten in das rechte Diagramm überträgt. Diese Rechnung läßt sich mit durchaus erträglichem Zeitaufwand durchführen[1].

Um die Bedeutung des Frakturdruckes erkennen zu lassen, sind in Abb. 6a außerdem die Kurven für konstante Werte π eingezeichnet. Sie sind in diesem lg p, ξ - Diagramm kongruent und schneiden die Werte $P = \pi$ jeweils in Punkte $\xi = 50\%$, weil in diesem Falle $D = F$ ist. Dieser Punkt ist ein zentrischer Symmetriepunkt. Die Kurven sind unabhängig von der Zusammensetzung des Gemisches und können ein für allemal in ein lg p, ξ-Netz eingezeichnet werden. Dies hat den Vorteil, daß man den für eine bestimmte Rechnung nötigen π-Wert besser abschätzen kann. Man könnte die Kurven für $\pi =$ konst. auch in Abb. 6b übertragen, doch hat dies praktisch keinen Wert, weil man dieses t, ξ-Diagramm für andere, im folgenden noch zu erwähnende Zwecke benutzen kann; in diesem Falle würden die π-Kurven die Übersichtlichkeit

---

[1] Vgl. hingegen das Verfahren mit Hilfe von Gleichungen, deren Grad gleich der Zahl der beteiligten Komponenten ist, z. B. bei Ch. F. Montross: Flash Equilibrium Calculations. Chem. Engng. Progr. Bd. 46 (1950) S. 105/08.

nicht fördern. Außerdem muß die Rechnung immer vom lg p, ξ-Diagramm ausgehen. Die Bedeutung und die Ermittlung der Kurven für $I =$ konst. in Abb. 6b wird in Abschnitt 5f, Seite 21 erläutert.

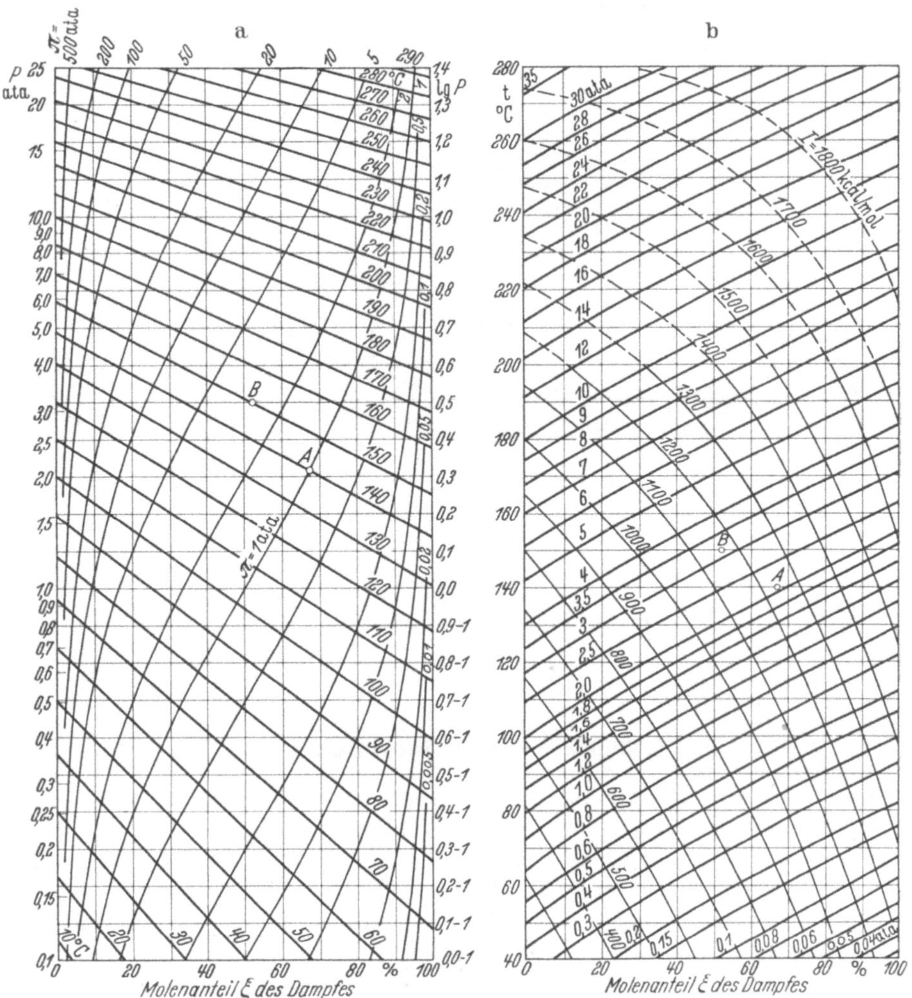

Abb. 6. Gleichgewichtskurven des Modellgemisches
a: für konstante Temperaturen im lg p, ξ-Diagramm mit Kurven für $\pi =$ konst.,
b: für konstanten Druck im t, ξ-Diagramm, aus Abb. 6a abgeleitet, (sog. Flashkurven)
mit Kurven für $I =$ konst. (Erläuterung hiezu in Abschnitt 5f, Seite 21).
A Gleichgewichtspunkt nach Zahlentafel 1; B Gleichgewichtspunkt nach Zahlentafel 2.

b) Siedepunkts- und Taupunktskurven im lg p, σ-Diagramm.

Wenn man die für die Siedepunkte und Taupunkte ermittelten Drücke auf die Temperaturgeraden des lg p, σ-Diagramms überträgt, wie dies in Abb. 7 geschehen ist, so erhält man zwei nach oben konvergierende Kurven, die sich theoretisch auf einer Waagerechten durch den Pol schneiden müssen. Eine praktische Anwendungsform dieser Darstellung hat sich jedoch bisher noch nicht ergeben, zumal sie wegen der bei ihrer Konstruktion erforderlichen flachen Schnitte nicht sehr genau ist. Es wird deshalb davon abgesehen, die dadurch etwa gegebenen Möglichkeiten weiter zu verfolgen. Für praktische Zwecke dürfte die in Abb. 6 gewählte Darstellung ausreichen.

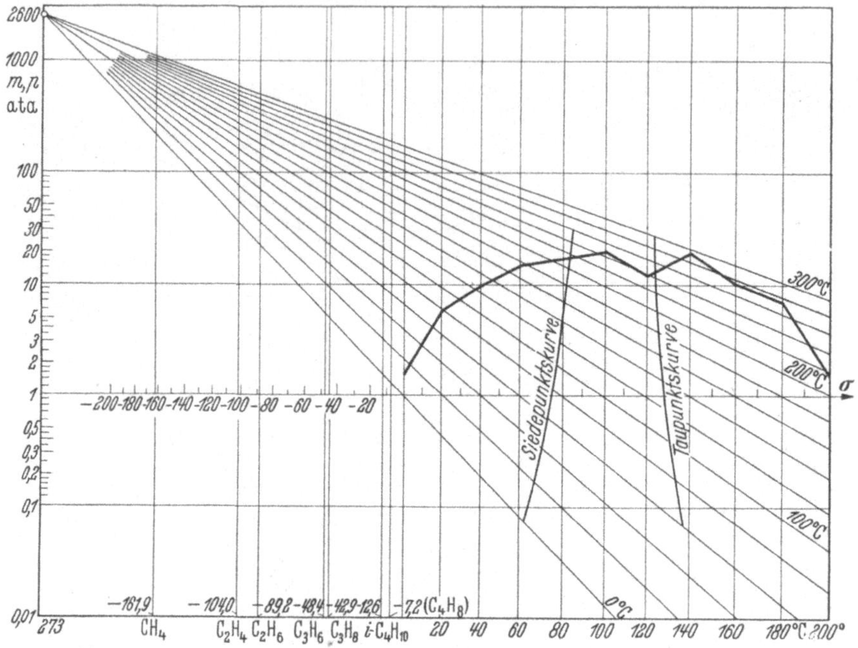

Abb. 7. Siedepunkts- und Taupunktskurve des Modellgemisches im lg p, σ-Diagramm

c) Zustandsverlauf in einem Röhrenofen.

Für die Lösung praktischer Aufgaben ist es sehr erwünscht, den Zustandsverlauf in einem Röhrenofen zu kennen, vor allem um Wärmeübertragung und Druckverlust ermitteln zu können. Hiefür ist das Diagramm Abb. 6b mit den Flashkurven gut verwendbar. Angenommen ist gewöhnlich der Druck im Entspannungsraum sowie die gewünschte Zusammensetzung von Dampf und Flüssigkeit hinter dem Regelventil. Es kommt zunächst darauf an, den vor dem Regelventil herrschenden Zustand zu bestimmen, wofür die Annahme eines für den gewünschten Regelbereich ausreichenden Druckabfalles im Ventil bei voller Durchsatzmenge erforderlich ist. Man kann dann für verschiedene Durchsatzleistungen des Ofens mit Hilfe der Werte für die Flüssigkeits- und für die Verdampfungswärme aus der Konstanz der Enthalpie (des Wärmeinhaltes) den Zustand vor dem Regelventil ermitteln. Schrittweise rückwärts gehend erhält man unter Berücksichtigung von Druckverlust und Wärmezufuhr die Zustände am Ofenaustritt, im Ofen selbst und vor dem Ofen. Dem Diagramm Abb. 6 kann man für diese Zwecke den Anteil von Dampf und Flüssigkeit in den einzelnen Abschnitten des Ofens bei den verschiedenen Zuständen entnehmen und so Druckabfall und Wärmeübergang besser berechnen, als dies gewöhnlich mit Hilfe sehr grober Annahmen der Fall ist. Bemerkenswert ist das meist festzustellende, ziemlich weit vor dem Ofenaustritt liegende Temperaturmaximum.

Um diese Berechnungen zu erleichtern, empfiehlt es sich, das t, ξ-Diagramm Abb. 6b durch Kurven konstanter Enthalpie I zu ergänzen. Man kann dann die Zustandsänderung besser verfolgen. Drosselvorgänge sind durch $I =$ konst. gekennzeichnet, so daß solche Kurven eine sehr brauchbare Hilfe darstellen[1].

5. Bestimmung der Enthalpie von Dampf—Flüssigkeits-Gemischen.

a) Angaben über kalorische Daten von Kohlenwasserstoffen.

Um die Kurven konstanter Enthalpie in das Flashkurvendiagramm einzeichnen zu können, ist die Kenntnis der Flüssigkeitswärme und der Verdampfungswärme der einzelnen Komponenten erforderlich. Angaben über die Flüssigkeitswärme von Kohlenwasserstoffen finden sich im Landolt-Börnstein[2]; sie beschränken sich allerdings auf mäßige Temperaturbereiche. Eine zusätzliche Hilfe bieten die im us.-amerikanischen Schrifttum zu findenden Angaben, die vielfach in Kurvenform dargestellt sind[3]. Bezüglich der Verdampfungswärme kann auf die Arbeiten von Pfaff, Schumacher und Florin verwiesen werden[4].

b) Formel für die spezifische Wärme flüssiger Kohlenwasserstoffe.

Um die erforderlichen Berechnungen schnell durchführen zu können, benötigt man für die kalorischen Daten ähnliche Tafeln, wie sie Zahlentafel 15 für die Dampfdrücke darstellt. Es mußte deshalb der Versuch gemacht werden, für die spezifische Wärme c_{fl} von flüssigen Kohlenwasserstoffen eine Formel aufzustellen, welche die bisher bekannt gewordenen Meßergebnisse ausreichend genau wiedergibt und so gebaut ist, daß

---

[1] Es sind auch bei der Enthalpie Großbuchstaben für die Werte des Gesamtgemisches, Kleinbuchstaben für die Werte der einzelnen Komponenten verwendet; vgl. hiezu Seite 32.

[2] Landolt-Börnstein: Physikalisch-chemische Tabellen. 5. Aufl. Herausgeg. von W. A. Roth und K. Scheel, insges. 8 Bände. Berlin: Springer 1923 bis 1936, Tabelle 258; Neuauflage im Erscheinen.

[3] Holcomb, D. E., und G. G. Brown: Thermodynamic Properties of Light Hydrocarbons. Ind. Engng. Chem. Bd. 34 (1942) S. 590/602; in dieser Arbeit sind zahlreiche frühere Veröffentlichungen ausgewertet; sie enthält außerdem Angaben über Verdampfungswärmen, Kompressibilitätsfaktoren und ähnliches sowie ein i, s-Diagramm für Naturgas. Die dort zu findenden Daten für die Flüssigkeitswärme sind auch abgedruckt bei W. L. Nelson: Petroleum Refinery Engineering, 3. Aufl. New York/Toronto/London: McGraw Hill 1949, S. 136 ff. Die erst kürzlich erschienene Veröffentlichung Maxwell, J. B.: Data Book on Hydrocarbons. New York/Toronto/London: Van Nostrand 1950, die hier nicht mehr berücksichtigt werden konnte, enthält S. 93 ein Diagramm für die Flüssigkeitswärme von Kohlenwasserstoffen, das — so wie die vorgenannten — nach API-Graden gestuft ist. Es entstammt den Unterlagen der M. W. Kellogg Co., New York. Ein Vergleich mit den Werten von Holcomb und Brown ist jedoch wegen des bei Maxwell verwendeten, vom mittleren Siedepunkt abhängigen Korrekturgliedes umständlich. In dem umfangreichen Werk von Rossini, F. D.: Selected Values of Properties of Hydrocarbons (Circular Nat. Bur. Stand. C 461) Washington: U. S. Gov. Printing Office 1947 finden sich hingegen keine Angaben für die Flüssigkeitswärme von Kohlenwasserstoffen. Auch die Verdampfungswärmen sind dort nur für 25° C und für den Siedepunkt bei 1 Atm (= 760 Torr) angegeben.

[4] Pfaff, P.: Berechnung thermischer Eigenschaften von Flüssigkeiten und Dämpfen auf empirischer Grundlage. Forsch. Ing.-Wes. Bd. 11 (1940) S. 125/133 und 188/202. — Schumacher, R.: Neue Wege zur Berechnung der Verdampfungswärme. Öl und Kohle Bd. 39 (1943) S. 634/639; die Arbeiten von F. Florin sind wiedergegeben bei B. Riediger: a. a. O. S. 263 ff., insbes. Abb. 35 S. 267. Eine ausführlichere Veröffentlichung wird zur Zeit vorbereitet.

sie für die hier angestrebte Lösung von Aufgaben anwendbar ist. Es hat sich gezeigt, daß die Beziehung

$$c_{fl} = n\left[\frac{17{,}6\,n - 2{,}75\,m}{3{,}8\,n - m} + \frac{3{,}23\,n - 0{,}93\,m}{292\,n - 100\,m}\,(t - 20)\right]\frac{\text{kcal}}{\text{kmol} \cdot \text{grd}} \qquad (10)$$

für die spezifische Wärme eines flüssigen Kohlenwasserstoffes von der Formel $C_n H_m$ im Bereich von 0 bis 400 °C zu brauchbaren Ergebnissen führt. Sie ist nur für die niedrigsten Glieder der Paraffinreihe ungeeignet. Obwohl bei diesen festgestellt wurde, daß die Abhängigkeit der spezifischen Wärme von der Temperatur nach einem höheren Exponenten als 1 verläuft, wird in der Erdölindustrie fast ausschließlich mit einer linearen Abhängigkeit gerechnet. Dies geht auch aus den bereits genannten Veröffentlichungen von Holcomb und Brown sowie von Maxwell hervor. Deshalb wurde hier von dieser vereinfachenden Annahme ebenfalls Gebrauch gemacht und bei der Aufstellung der Gl. (10) dieselbe Temperaturabhängigkeit zugrunde gelegt, die das von Holcomb und Brown veröffentlichte Diagramm zeigt. Die Gl. (10) gibt z. B. auch die an anderer Stelle benutzte Beziehung von Tréhin für die spezifische Wärme von Benzol richtig wieder[1].

In Abb. 8 sind gestrichelt die Werte eingetragen, die man mit Gl. (10) erhält; ihnen sind die Kurven nach Holcomb und Brown für die Anfangsglieder der Paraffinreihe gegenübergestellt. Diese sind dort so wie in Abb. 8 nur bis zum Hexan für einzelne Kohlenwasserstoffe wiedergegeben, während die folgenden Angaben nach dem spezi-

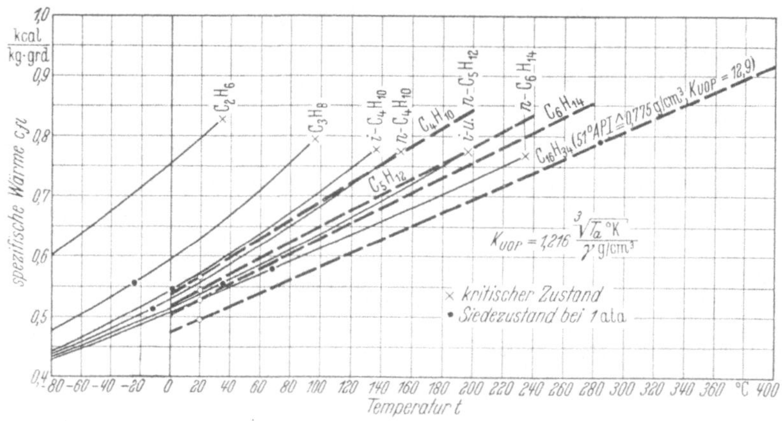

Abb. 8. Spezifische Wärme flüssiger Paraffin-Kohlenwasserstoffe.

fischen Gewicht — in API-Graden — gestuft sind und die erwähnte lineare Abhängigkeit aufweisen. Der in Abb. 8 eingezeichnete Wert für Hexadekan $C_{16}H_{34}$ deckt sich genau mit den Angaben in der genannten Veröffentlichung; nur beim Hexan C_6H_{14} mußte etwas stärker abgewichen werden, um einen glatten Übergang von den vorhergehenden Gliedern der Paraffinreihe zu den Angaben für die darauf folgenden zu schaffen. Die Abhängigkeit der Größe c_{fl} vom Druck, über die sich in der genannten Arbeit — allerdings in der Hauptsache durch Extrapolationen gewonnene — Unterlagen finden, konnte hier vernachlässigt werden.

[1] Riediger, B.: Zustandsgrößen von Benzol und Benzoldampf. Chem.-Ing.-Techn. Bd. 23 (1951) S. 272/76.

Mit Hilfe der aus Gl. (10) berechneten Werte wurden die Wärmeinhalte i des flüssigen Zustandes bestimmt. Sie gelten nach Vorstehendem bis zum Siedezustand und sind in Zahlentafel 17 im Anhang wiedergegeben; für die vorliegenden Zwecke genügt eine Stufung der Temperaturen von 10 zu 10°. Bei der Berechnung der Zahlentafel mußte zwar von einer Fiktion Gebrauch gemacht werden, doch ist sie zulässig, weil es sich hier nicht darum handelt, einzelne physikalische Größen genau zu bestimmen, sondern Hilfsmittel für ingenieurtechnische Aufgaben zu schaffen. Bei diesen kommt es sehr oft darauf an, daß alle benutzten Größen einwandfrei aufeinander bezogen werden können, um z. B. bei der Berechnung verschiedener Betriebszustände schlüssige Vergleiche ziehen zu können. Die absolute Größe darf mit Rücksicht auf andere Faktoren, die eine entscheidende Rolle spielen, mit einer gewissen Unsicherheit behaftet sein. Man denke nur an die gerade im vorliegenden Zusammenhang wichtigen Wärmeübergangszahlen.

Deshalb wurde — ausgehend von den Werten für die Normalparaffine — aus einer Kurve ermittelt, welchen fiktiven n-Werten der Formel C_nH_{2n+2} die hier benutzten, durch Siedepunktsabstände von 10° bei 1 ata gekennzeichneten Kohlenwasserstoffe zuzuordnen sind. Zahlentafel 19 im Anhang zeigt das Ergebnis. Mit Hilfe dieser Zuordnung kann man die Gl. (10) auswerten, indem man $m = 2n + 2$ setzt. Im übrigen liegt dieselbe Fiktion der bereits erwähnten Zahlentafel 15 für die Dampfdrücke zugrunde. Wenn auch die zu verarbeitenden Gemische in den seltensten Fällen nur aus reinen Normalalkanen bestehen, dürfte der hier eingeschlagene Weg für den gedachten Zweck vorzuziehen sein. Man kann die Anwendbarkeit der so gewonnenen Berechnungsunterlagen besser abschätzen als bei stärkerer Berücksichtigung rein empirischer Daten[1].

c) Vergleich der Tafelwerte mit dem Shell-Diagramm.

Die Werte der Zahlentafel 17 stimmen recht gut mit dem von der Shell Development Co. veröffentlichten Diagramm für Erdöle überein[2].

Allerdings ist dabei folgendes zu beachten: Die aus diesem Diagramm abzulesenden Werte sind mit einem Faktor f_{UOP} zu multiplizieren, der von dem auch sonst viel verwendeten, von der Universal Oil Products Co. zur Kennzeichnung von Erdölen und Erdölprodukten vorgeschlagenen „Characterization Factor"

$$K_{UOP} = \frac{1{,}216}{\gamma \text{ g/cm}^3} \sqrt[3]{T_a\,°\text{K}} \tag{11}$$

abhängt[3]. Der Faktor $1{,}216 = \sqrt[3]{1{,}8}$ in vorstehender Formel ist die Folge der Umrechnung des absoluten Siedepunktes T_a von °Rankine in °Kelvin; γ ist die Wichte

---

[1] Im übrigen ergibt sich aus der in den letzten Jahren gelungenen, weitgehenden Zerlegung einzelner, niedrigsiedender Erdölprodukte, daß die Alkane im allgemeinen den Hauptanteil stellen, unter ihnen die Normalalkane überwiegen und auch die Isoalkane fast nur Methylgruppen als Verzweigungen aufweisen; vgl. hierzu Sachanen, A. N.: The Chemical Constituents of Petroleum. New York: Reinhold 1945, oder auch Treibs, A.: Entstehung des Erdöls. Erdöl u. Kohle Bd. 1 (1948) S. 137/43 u. 185/99. Bei den kalorischen Daten ist aber der Einfluß von Strukturunterschieden geringer als bei anderen Eigenschaften, weswegen auch die Verwendung einer auf die Bruttoformel abgestellten Beziehung vertretbar erscheint. Leider gibt das umfangreiche, von Rossini mitgeteilte Zahlenmaterial — vgl. Fußnote 3, Seite 17 — keine Möglichkeit, die Brauchbarkeit von Gl. (10) zu überprüfen.

[2] Vgl. Nelson, W. L.: a. a. O. Abb. 38 hinter Seite 138.

[3] Watson, K. M., W. L. Nelson und W. J. Murphy: Characterization of Petroleum Fractions. Ind. Engng. Chem. Bd. 27 (1935) S. 1460. — Egloff, G. und W. L. Nelson: The Modern Cracking Process. Oil Gas J. 2. 7. 1936, S. 34.

(das spezifische Gewicht). Zwar hat die in Amerika gebräuchliche „Specific Gravity", die im Nenner der ursprünglichen Formel steht, nach DIN die Bedeutung einer dimensionslosen Dichtezahl; es kann jedoch hier wegen der praktischen Zahlengleichheit beider Größen von dieser Unterscheidung abgesehen werden. Die Größe K_{UOP} soll den Paraffincharakter eines Öles kennzeichnen. Jedoch ist sie nicht unveränderlich, wenn man sie für die einzelnen Normalalkane nachrechnet. Vielmehr nimmt sie von 13,65 bei C_4 auf 12,75 bei C_9 bis C_{11} ab und steigt dann wieder auf 13,45 bei C_{24} an. Isoalkane geben nur wenig niedrigere Werte, weil sich die Senkung des Siedepunktes wegen der dritten Wurzel kaum auswirkt, die Wichte aber der der Normalalkane praktisch gleich ist[1].

Die Werte der Zahlentafel 17 stimmen mit den Angaben des Shell-Diagramms vollkommen überein, wenn man den einer Größe $K_{UOP} = 12,4$ entsprechenden Umrechnungsfaktor von $f_{UOP} = $ rd. 1,02 anwendet. Obwohl die c_{fl}-Werte in der Nähe von C_6 — zwar in Übereinstimmung mit Landolt-Börnstein — aber höher angenommen wurden, als Holcomb und Brown sie angeben, würde die Anwendung des dem Betrage $K_{UOP} = 12,9$ für Hexan entsprechenden Umrechnungsfaktors von 1,05 zu noch höheren Werten von i führen. Es darf diesen Unterschieden mit Rücksicht auf die der Rechnung zugrunde liegenden Vereinfachungen kein zu großes Gewicht beigemessen werden. So weichen auch im us.-amerikanischen Schrifttum die Angaben voneinander ab, für welchen Wert von K_{UOP} der Berichtigungsfaktor gleich 1,0 zu setzen ist; es werden hiefür sowohl $K_{UOP} = 11,8$ als auch $K_{UOP} = 12,0$ genannt.

Für den Fall, daß Zahlentafel 17 für Kohlenwasserstoffgemische mit einer von der normalen erheblich abweichenden Zusammensetzung benutzt werden soll, sind die für das Shell-Diagramm anzuwendenden Umrechnungsfaktoren auf dem letzten Blatt der Zahlentafel 17 wiedergegeben, und zwar gemäß der Quelle mit 1,0 für $K_{UOP} = 12,0$. Es wird sich jedoch empfehlen, mit den einzelnen Tafelwerten in der noch zu erläuternden Art und Weise zu rechnen und die Berichtigung erst am Schluß der Berechnung vorzunehmen.

d) Verdampfungswärme von Kohlenwasserstoffen.

In sinngemäßer Weise wie vorstehend erläutert wurden in das von Florin entworfene Diagramm der Verdampfungswärmen durch Interpolation die den fiktiven Kohlenwasserstoffen mit gebrochenen Werten der Atomzahlen nach Zahlentafel 19 entsprechenden Kurven eingetragen. Auf diese Weise sind die Angaben der Zahlentafel 18 gewonnen. Es kann davon abgesehen werden, die Grundlagen dieser Berechnung hier eingehender zu erörtern, da dies an anderer Stelle bereits geschehen ist[2].

e) Anwendbarkeit der Zahlentafeln 17 und 18.

Die auf Zahlentafel 19 gestützte Art der Berechnung mag vielleicht dem an exaktes Arbeiten gewöhnten Physiker widerstreben. Es ist jedoch kein Geheimnis, daß man beim Entwurf von Anlagen, die sich im Betriebe durchaus bewähren, nicht selten gezwungen ist, mit solchen oder ähnlichen Annahmen zu rechnen, solange keine genaueren Unterlagen zur Verfügung stehen. In diesem Sinne mögen daher die Zahlentafeln 17 und 18 gewertet werden, die bezüglich der absoluten Größe der Angaben als

---

[1] Diagramme zur Bestimmung des „Characterization Factor" von Erdölfraktionen finden sich bei Maxwell: a. a. O. S. 16 und 17.

[2] Vgl. Fußnote 4, Seite 17.

vorläufig zu betrachten sind, Ihre Genauigkeit dürfte aber für ingenieurtechnische Aufgaben ausreichen, weil sie nach einheitlichen Gesichtspunkten berechnet sind. Um sie für Berechnungen in kcal/kg ebenfalls verwenden zu können, sind die der Zahlentafel 19 entnommenen Angaben des Molekulargewichtes M hinzugefügt.

Auf eine Schwierigkeit muß noch hingewiesen werden, die auftritt, wenn man die Enthalpie für Zustände bestimmen will, die über den kritischen Zuständen der einzelnen Komponenten liegen. In Zahlentafel 17 sind zwar wegen der auf Seite 9/10 angegebenen Gründe extrapolierte Werte der Flüssigkeitswärme für Temperaturen eingetragen, die bis zu einem gewissen Betrag über den kritischen Temperaturen der Einzelstoffe liegen. Es fehlen aber noch alle Angaben über die Größe der Verdampfungswärme bei Gemischen in diesem Bereich.

Es mögen deshalb in diesem Zusammenhang folgende Überlegungen beachtet werden. In der Nähe des kritischen Zustandes[1] wird bei Gemischen z. B. sog. retrograde Kondensation beobachtet; d. h. es kann bei Temperatursteigerung nach Überschreiten des Siedezustandes zuerst Verdampfung und dann noch einmal Kondensation einsetzen; das überkritische Gebiet, in dem es keinen Unterschied zwischen Dampf und Flüssigkeit gibt, wird dann ohne neuerliche Verdampfung erreicht[2]. Solche oder ähnliche Erscheinungen — z. B. retrograde Verdampfung bei Drucksteigerung — stellen sich ein, je nachdem, wie die Zustandspunkte höchsten Druckes und höchster Temperatur auf der Grenzkurve und der kritische Punkt, die in diesen Fällen nicht identisch sind, für eine bestimmte Zusammensetzung zueinander liegen. Sie deuten darauf hin, daß die Verdampfungswärme bei Gemischen in der Nähe des kritischen Zustandes offenbar auch negative Werte annehmen kann. Es macht keine grundsätzlichen Schwierigkeiten sich vorzustellen, daß die Kurve der Verdampfungswärme von Gemischen — in Abhängigkeit von der Temperatur aufgetragen — nach dem Schnitt mit der Temperaturachse zuerst noch ein Minimum im negativen Bereich durchläuft, bevor sie auf der Nullachse endet. Wie die Gemisch-Verdampfungswärme in diesem Falle aus den Werten der Verdampfungswärme der Einzelstoffe zu bestimmen ist, kann vorläufig ohne experimentelle Prüfung nicht beantwortet werden. Für die Zwecke des hier vorgeschlagenen Verfahrens kann von dieser Besonderheit in der Nähe des kritischen Zustandes abgesehen werden.

f) Durchführung der Berechnung der Enthalpie von Dampf—Flüssigkeits-Gemischen.

Mit Hilfe der Angaben in Zahlentafeln 17 und 18 kann man zunächst für den Siede- und Tauzustand die Enthalpie des Gemisches berechnen, so daß man für die Werte $\xi = 0$ und $\xi = 1$ in Abb. 6b die gewünschten Werte erhält. Um nun den Verlauf der Kurven konstanten Wärmeinhaltes, die von links nach rechts abfallen und nach unten konkav sind, zu bestimmen, genügt es für die hier vorliegenden Aufgaben im allgemeinen, die Werte eines oder besser zweier Zwischenpunkte zu bestimmen; man wählt hiefür am zweckmäßigsten die Werte für $\xi = D/M = 0,5$ und etwa $\xi = 0,8$.

---

[1] Vgl. Tammann: a. a. O. — Eucken, A.: Lehrbuch der chemischen Physik. II. Bd. 2. Teil Leipzig: Akad. Verlagsanst. 1944 S. 965. — Bošnjaković, F.: a. a. O. S. 676f. — Matz, W.: Die Thermodynamik des Wärme- und Stoffaustausches in der Verfahrenstechnik. Frankfurt (Main): Steinkopff 1949 S. 195/200.

[2] Schmid, Ch.: Die retrograde Kondensation und ihre Bedeutung für Destillatfelder. Erdöl u. Kohle Bd. 3 (1950) S. 422/27.

Dabei sind folgende sehr einfache Beziehungen zu berücksichtigen. Aus Gl. (7) ergibt sich

$$\frac{P}{\pi + P} = \frac{D}{D + F} = \frac{D}{M} = \xi , \qquad (12a)$$

$$\pi = P \cdot \frac{1 - \xi}{\xi} ; \qquad (12b)$$

somit erhält man z. B. $\xi = 0{,}5$, wenn man $\pi = P$ setzt. Der Wert P kann für die gewünschte Temperatur dem Diagramm Abb. 6b unmittelbar entnommen werden.

Es ist zu beachten, daß sich die Zusammensetzung von Dampf und Flüssigkeit bei konstantem ξ mit der Temperatur ändert. Um dies zu zeigen, sind in Abb. 9 die für

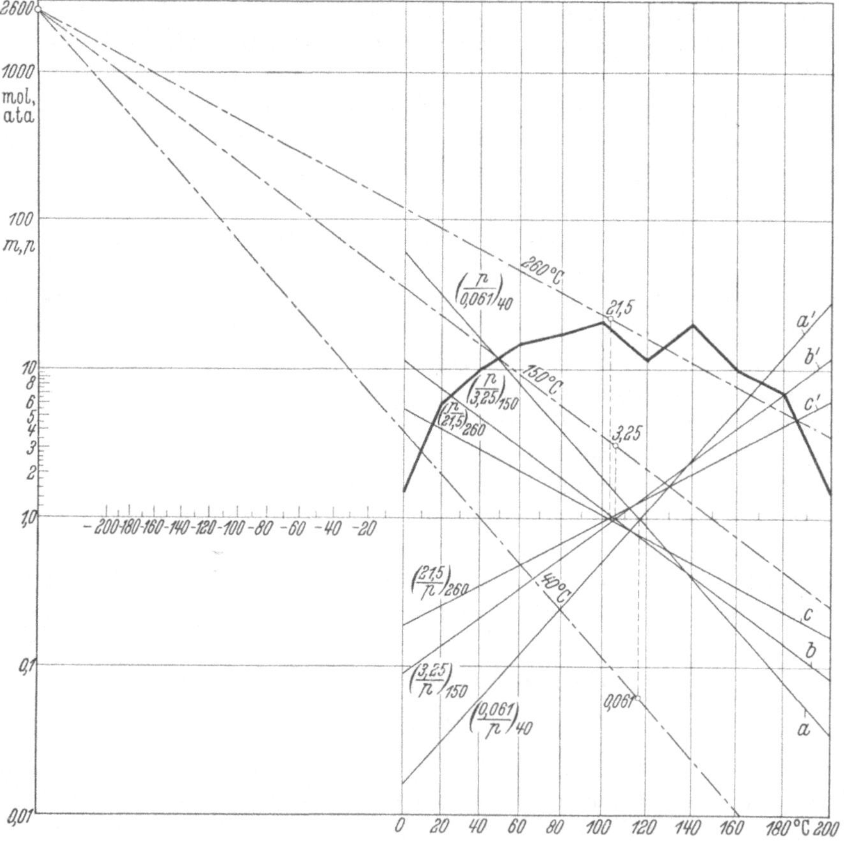

Abb. 9. Änderung der Zusammensetzung der beiden Phasen bei gleichbleibendem Dampf—Flüssigkeits-Verhältnis, aber verschiedener Temperatur.

die graphische Ermittlung der Gleichgewichte erforderlichen Hilfslinien für die Temperaturen 40°, 150° und 260 °C eingezeichnet. Die mit a, b und c bzw. a', b' und c' bezeichneten Geraden entsprechen den Werten $d/f = p/\pi$ bzw. $f/d = \pi/p$. Die π-Werte sind dem Diagramm Abb. 6 entnommen[1]. Wie bereits früher erwähnt wurde, laufen

---

[1] Es ist genauer, Abb. 6b und nicht Abb. 6a zu benutzen und π nach Gl. (12b) zu bestimmen.

diese Geraden mit den Dampfdrucklinien für p bzw. ihren Spiegelbildern für $1/p$ parallel und sind wegen des logarithmischen Druckmaßstabes nur um die Werte $1/\pi$ bzw. π verschoben. Obwohl sie für die graphische Berechnung der Zusammensetzung f und d erforderlich wären, sind die Kurven für $\left(\dfrac{\pi}{p}+1\right)$ und $\left(\dfrac{p}{\pi}+1\right)$ nicht eingezeichnet, um die Abbildung nicht unübersichtlich zu machen. Vielmehr lassen die Hilfslinien a bis c und a' bis c' bereits erkennen, wie sich die Zusammensetzung der beiden Phasen, in die das Gemisch zerfällt, mit der Temperatur ändert. Man kann die bekannte Tatsache daraus ablesen, daß die Trennschärfe bereits bei einer einfachen Einstellung des Gleichgewichtes ohne Rektifizierwirkung bei tiefen Temperaturen und entsprechend niedrigen Drücken größer ist als bei hohen Temperaturen. Dies wird bei Betrachtung der durch Schraffur hervorgehobenen Kurven für $(p/\pi + 1)$ bzw. $(\pi/p + 1)$ in Abb. 5, Seite 13, schon allein durch die Steilheit der Linien für p/π bzw. π/p deutlich. Je steiler diese Linien verlaufen, desto geringer sind die Anteile der sog. Siedeschwänze.

Bei der Berechnung selbst empfiehlt es sich, im Anschluß an das in Zahlentafel 1 und 2 gegebene Schema Formblätter mit folgendem Kopf zu verwenden:

$\ldots\,°\mathrm{C}$		$\pi = \ldots$ ata		$\xi = \dfrac{D}{M} = \ldots$		
$t_a \mathrel{\widehat{=}} \sigma$	m	i'	$m \cdot i'$	d	r	$d \cdot r$
$°\mathrm{C}$	mol	$\dfrac{\mathrm{cal}}{\mathrm{mol}}$	cal	mol	$\dfrac{\mathrm{cal}}{\mathrm{mol}}$	cal
1	2	3	4	5	6	7

Die Größen für Spalte 1 und 2 werden den gleichbezifferten Spalten der Gleichgewichtsberechnung entnommen. In Spalte 3 setzt man die Werte aus Zahlentafel 17 ein, weil die Flüssigkeitswärme i' sowohl für den flüssigen als auch für den dampfförmigen Anteil bestimmt werden muß, am besten also gleich für deren Summe m. Für Spalte 5 übernimmt man die Zahlen aus Spalte 9 der Gleichgewichtsberechnung und für Spalte 6 die Werte r aus Zahlentafel 18. Die in den Spalten 4 und 7 auszurechnenden Werte addiert man, so daß sich die Flüssigkeitswärme im Siedezustand I', die Verdampfungswärme R und die Sattdampfwärme $I'' = I' + R$ des Gemisches in cal oder kcal ergeben, je nachdem, ob man in Spalte 2 und 5 mol oder kmol eingesetzt hat. Erforderlichenfalls bringt man noch bei I' eine Korrektur für einen abweichenden Wert des „Characterization Factor" K_{UOP} an.

Auf diese Weise erhält man für den gewählten und durch die Rechnung zu kontrollierenden ξ-Wert die Enthalpie bei verschiedenen Temperaturen und kann durch graphische Interpolation zu ganzzahligen Enthalpiewerten kommen[1]. Diese sowie die sinngemäß ermittelten Werte für den Siede- und für den Tauzustand reichen aus, um Punkte konstanter Enthalpie zu bestimmen und die gewünschten Kurven mit genügender Genauigkeit in das Diagramm einzuzeichnen, wie dies in Abb. 6b, Seite 15, zur Erläuterung geschehen ist. Es wird davon abgesehen, die einfache und leicht verständliche Rechnung hier im einzelnen wiederzugeben.

---

[1] Am besten trägt man die Werte I für $\xi = 0$, $0 < \xi < 1$ und $\xi = 1$ über der Temperatur t in ein rechtwinkeliges Koordinatennetz ein und zeichnet Kurven für $\xi =$ konst.

6. Rechnerische Ermittlung von Siedeanalysen.

Es wurde bereits Seite 6/7 darauf hingewiesen, daß für die Durchführung des vorgeschlagenen Berechnungsverfahrens die wahre Siedepunktskurve des zu zerlegenden Gemisches bekannt sein oder die Möglichkeit bestehen muß, für sie einigermaßen zutreffende Annahmen zu machen. Denn man muß mit den Molenanteilen der einzelnen wirklich vorhandenen oder gedachten Komponenten rechnen. Diese können den üblichen Siedeanalysen nicht entnommen werden.

Es ist aber umgekehrt möglich, bei gegebener Molzusammensetzung den Verlauf der Siedeanalyse rechnerisch zu bestimmen. Daher dürfte es nicht aussichtslos sein, für verschiedene Gemischzusammensetzungen die Siedeanalyse zu berechnen und sie mit tatsächlich gemessenen Werten zu vergleichen. Wenn man eine ausreichende Anzahl solcher Vergleichsunterlagen zur Verfügung hat, dürfte es möglich sein, aus dem Siedeverlauf auf die im Gemisch vorhandenen Komponenten zurückzuschließen. Dies wird dadurch erleichtert, daß sich für Anfangs- und Endpunkt der üblichen Siedekurven Zusammenhänge mit der Flashkurve und der wahren Siedepunktskurve ergeben, die ganz allgemein gelten.

a) Unterschiede zwischen Versuch und Rechnung.

Die bei der Siedeanalyse durchgeführte Differentialverdampfung unterscheidet sich von der Gleichgewichtsverdampfung dadurch, daß der entstehende Dampf theoretisch sofort abgeleitet wird, so daß sich die Zusammensetzung des zu verdampfenden Gemisches ständig ändert. In Wirklichkeit verschiebt sich jedoch das Bild durch die endliche Größe des Dampfraumes im Destillationskolben und im Kühler. Auch ist zu beachten, daß sich bei normgerechter Ausführung der Siedeanalyse die Quecksilberkugel des Thermometers im Kolbenhals in der Höhe des seitlichen Ansatzes für das Dampfableitungsrohr befindet. Denn man will gemäß den Festlegungen die Temperatur der zu kondensierenden Fraktion bestimmen und nicht die Temperatur des flüssigen Kolbeninhaltes, die nicht gleich sind. Besonders bei Beginn der Destillation kondensieren die sich bildenden Dämpfe zunächst an der noch kühleren Wandung des Kolbens, wodurch ein Rücklauf mit entsprechender Rektifizierwirkung entsteht. Wenn also der erste Tropfen in das Meßglas fällt, ist ein Konzentrationsgefälle vom Flüssigkeitsspiegel bis zum Thermometer und damit eine Temperaturdifferenz vorhanden.

Bei dem Versuch, die Vorgänge bei der Bestimmung des Siedeverlaufes rechnerisch zu verfolgen, wurde zunächst davon abgesehen, die erwähnten Besonderheiten der Versuchsbedingungen mitzuerfassen, um die Rechnung nicht zu umständlich zu machen. Dies schließt jedoch nicht aus, mit Hilfe der erläuterten Gleichgewichtsberechnung nach Hoffmann auch die Vorgänge bei der Siedeanalyse in allen Einzelheiten zu verfolgen[1].

Auch ohne übertriebenen Aufwand an Rechenarbeit läßt sich ein Bild gewinnen, wenn man von der Temperatur des Kolbeninhaltes ausgeht. Dann braucht man nur

---

[1] In diesem Zusammenhang sei auf die Arbeit von K. K. Rumpf: Über das Siedeverhalten von Rohöl. Erdöl und Kohle Bd. 3 (1950) S. 21/24, verwiesen, wonach Siedelinien von Rohölen in einem Netz als Gerade erscheinen, das als Abszisse eine aus der Glockenkurve der wahrscheinlichen Verteilung abgeleitete Skala und als Ordinate die reziproke Skala der absoluten Temperatur aufweist.

zu der gegebenen Flüssigkeitszusammensetzung den Siedepunkt und die zugehörige Dampfzusammensetzung zu berechnen und zu bestimmen, wie sich die Flüssigkeitszusammensetzung dadurch ändert, daß ein Teil — und zwar in erster Linie die am leichtesten flüchtigen Komponenten — herausverdampfen. Zu der so ermittelten neuen Flüssigkeitszusammensetzung berechnet man wiederum Siedepunkt und Dampfzusammensetzung und fährt so fort. Bei genügend kleinen Schritten sind die Ergebnisse der Berechnung einer solchen Differenzenverdampfung denen einer Differentialverdampfung mit stetiger Änderung der Gemischzusammensetzung praktisch gleich.

Auch wenn demnach keine volle Übereinstimmung zwischen den Versuchsbedingungen und den der Rechnung zugrunde liegenden Annahmen besteht, liegt es nahe, mit dem hier dargelegten Verfahren zur Berechnung von Gleichgewichten den Verlauf einer Siedeanalyse zu verfolgen. Es ist jedoch für einen einwandfreien Vergleich mit Versuchsergebnissen immer zu beachten, daß sich die rechnerisch erhaltenen Ergebnisse auf Molenanteile beziehen und daher in Volumenanteile umzurechnen sind.

b) Änderung der Zusammensetzung im Destillationskolben.

Die Werte für die Destillationsanalyse berechnet man demnach derart, daß man für das gegebene Gemisch zuerst den Siedepunkt bestimmt. Dies ist im vorliegenden Fall bereits geschehen. Aus Abb. 6b kann entnommen werden, daß das Gemisch unter einem Druck von 1 ata bei 73° C zu sieden beginnt. Man erhält dabei die in Zahlentafel 3, Spalte 4, wiedergegebenen Werte für die Dampfzusammensetzung. Je nach

Zahlentafel 3. *Berechnung der Siedeanalyse.*

		73° C			$f_{10} =$	82° C			$f_{20} =$
$t_a \triangleq \sigma$ °C	f_0 mol	p ata	$d_0 = f_0 \cdot \dfrac{p}{\pi}$	$d_0 \cdot \dfrac{12}{120} = \dfrac{d_0}{10}$	$f_0 - \dfrac{d_0}{10}$ mol	p ata	$d_{10} = f_{10} \cdot \dfrac{p}{\pi}$	$d_{10} \cdot \dfrac{12}{108} = \dfrac{d_{10}}{9}$	$f_{10} - \dfrac{d_{10}}{9}$ mol
1	2	3	4	5	6	7	8	9	10
0	1,5	8,65	13,0	1,30	0,20	10,61	2,1	0,24	0,00
20	6,0	4,90	29,4	2,94	3,06	6,04	18,5	2,09	0,97
40	10,0	2,73	27,2	2,72	7,28	3,47	25,3	2,86	4,42
60	15,0	1,55	23,2	2,32	12,68	2,01	25,5	2,87	9,81
80	17,0	0,80	13,6	1,36	15,64	1,08	16,9	1,92	13,72
100	20,0	0,41	8,2	0,82	19,18	0,57	10,9	1,21	17,97
120	12,0	0,21	2,5	0,25	11,75	$0{,}29_6$	3,5	0,40	11,35
140	20,0	$0{,}11_3$	2,2	0,22	19,78	$0{,}16_0$	3,2	0,36	19,42
160	10,0	$0{,}05_2$	0,5	0,05	9,95	$0{,}07_7$	0,8	0,09	9,86
180	7,0	$0{,}02_6$	0,2	0,02	6,98	$0{,}04_3$	0,2	0,02	6,96
200	1,5	$0{,}01_3$	0,0	0,00	1,50	$0{,}01_9$	0,0	0,00	1,50
$F_0 =$ 120,0		$D_0 =$ 120,0 $F_0 =$ 120,0			108,0	$D_{10} =$ 106,9 $F_{10} =$ 108,0			95,98

$$P = \pi \frac{D}{F}$$

$$P = 1{,}0 \times \frac{120}{120} = 1{,}00 \text{ ata}$$

$$P = 1{,}0 \times \frac{106{,}9}{108{,}0} = 0{,}99 \text{ ata}$$

der angestrebten Genauigkeit wird man die Rechnung mit mehr oder weniger großen Schritten der verdampfenden Molmengen durchführen. Bei dem erläuterten Beispiel wurden Schritte von 10 Mol-% gewählt. Dies ist zwar eine etwas grobe Teilung, doch genügt sie, um das Wesen der Rechnung zu erklären. Es ist dabei angenommen, daß sich während des Verdampfens von 10% die Zusammensetzung des Gemisches noch nicht wesentlich ändert, was nur angenähert zutrifft. Zieht man nun den gewählten Anteil (Spalte 5) der ermittelten Gesamtmenge $D_0 = \Sigma\, d_0$ des Dampfes von der Flüssigkeit $F_0 = \Sigma\, f_0$ (Spalte 2) ab, so erhält man den verbleibenden Kolbeninhalt $F_{10} = \Sigma\, f_{10}$ (Spalte 6)[1]. Für diesen kann man nun in gleicher Weise wiederum die Siedetemperatur und die zugehörige Dampfzusammensetzung ermitteln, wie dies in Zahlentafel 3 erläutert ist. So erhält man schrittweise die Änderung der Zusammensetzung des Kolbeninhaltes und die zugehörigen Siedetemperaturen.

Wenn es nicht auf besondere Genauigkeit ankommt, kann man sich geringfügige Abweichungen, wie z. B. in der Summe der Spalte 8 der Zahlentafel 3 erlauben. Der Einfluß auf das Rechnungsergebnis ist gering, wie die Bestimmung des Druckes zeigt. Bei der später zu erläuternden Kolonnenberechnung empfiehlt es sich jedoch auf 0,1° genau zu rechnen und die Mengen dadurch genau den gewünschten Werten entsprechend zu bestimmen. Man läuft sonst Gefahr, daß sich die Fehler vervielfachen und man die Übersicht über ihren Einfluß verliert.

Trägt man die ermittelten Zusammensetzungen des Kolbeninhaltes in ein m, σ-Diagramm ein, so kommt man zu Abb. 10[2]. Sie läßt deutlich erkennen, wie der Gehalt des Kolbeninhaltes an leicht flüchtigen Komponenten mit fortschreitender Destillation auf vernachlässigbare Bruchteile abnimmt. Daß sich laut Rechnung z. B. bei f_{20} für den Stoff „0° C" bereits ein kleiner negativer Wert von —0,04 mol ergibt, der vernachlässigt wird, ist eine Folge der Annahme der verhältnismäßig großen Schritte von 10 Mol-%.

Für die praktische Durchführung der Rechnung sei folgender Hinweis gestattet. Da hier der Druck gegeben ist und die Temperatur berechnet werden soll, müssen die gesuchten Werte durch Interpolation gefunden werden, weil die erste Berechnung immer von der gegebenen oder von einer angenommenen Temperatur ausgehen muß. Es hat sich dabei als zweckmäßig erwiesen, Formblätter mit nachstehendem Kopf zu verwenden:

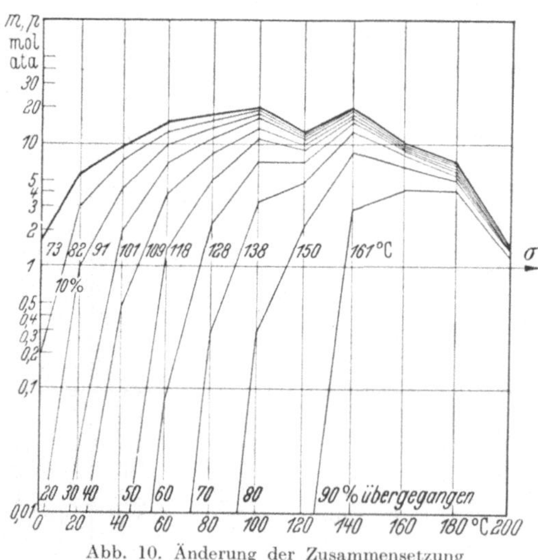

Abb. 10. Änderung der Zusammensetzung im Destillationskolben bei der Siedeanalyse.

---

[1] Die Indizes bedeuten hier die Angabe des Übergegangenen in Prozent, abweichend von dem Gebrauch der Indizes bei der Kolonnenberechnung, wo sie die Nummer der Böden bezeichnen.

[2] Da bei dieser Darstellung der Pol nicht mehr benötigt wird, genügt es, nur den jeweils interessierenden Ausschnitt aus dem m, σ-Diagramm zu benutzen.

Siedezustand		$\pi = \ldots$ ata									
$t_a \triangleq \sigma$	f	$\ldots$ °C		$\ldots$ °C		$\ldots$ °C		$\ldots$ °C		$\ldots$ °C	
°C	mol	p ata	$d = \dfrac{f}{\pi} \cdot p$	p ata	$d = \dfrac{f}{\pi} \cdot p$	p ata	$d = \dfrac{f}{\pi} \cdot p$	p ata	$d = \dfrac{f}{\pi} \cdot p$	p ata	$d = \dfrac{f}{\pi} \cdot p$
1	2	3	4	5	6	7	8	9	10	11	12

Zunächst schätzt man zwei durch 10 teilbare, benachbarte Temperaturwerte, zwischen denen die zu bestimmende Temperatur liegen dürfte. Die Rechnung (Spalte 3 bis 6) ergibt dann für die niedrigere Temperatur einen kleineren, für die höhere Temperatur einen größeren Wert von D, als er erforderlich wäre, um zu dem gegebenen Betriebsdruck zu führen. Es ist dann gar nicht notwendig, die bei den zwei Temperaturen sich einstellenden Drücke zu berechnen, weil sie nicht interessieren; vielmehr kann man nun — durch Interpolation — abschätzen, zwischen welchen Temperaturen mit 2° Unterschied die zu bestimmende Temperatur liegen wird. Hierauf berechnet man für diese zwei Temperaturen in Spalte 7 bis 10 die Dampfzusammensetzung und erhält die gesuchte Temperatur ohne weiteres — wie oben empfohlen — auf 0,1° genau durch lineare Interpolation zwischen diesen beiden Werten. Es muß D den für den Druck erforderlichen Wert annehmen. Die Werte d können dann in Spalte 12 durch Interpolation zwischen den beiden zuletzt ermittelten Werten d (Spalte 8 und 10) bestimmt werden. Die Spalte 11 braucht in diesem Falle gar nicht ausgefüllt zu werden.

Die Formblätter zur Berechnung von Taupunkten für gegebene Drücke sehen ganz analog folgendermaßen aus:

Tauzustand		$\pi = \ldots$ ata									
$t_a \triangleq \sigma$	d	$\ldots$ °C		$\ldots$ °C		$\ldots$ °C		$\ldots$ °C		$\ldots$ °C	
°C	mol	p ata	$f = \dfrac{d \cdot \pi}{p}$	p ata	$f = \dfrac{d \cdot \pi}{p}$	p ata	$f = \dfrac{d \cdot \pi}{p}$	p ata	$f = \dfrac{d \cdot \pi}{p}$	p ata	$f = \dfrac{d \cdot \pi}{p}$
1	2	3	4	5	6	7	8	9	10	11	12

Da bei der Kolonnenberechnung ebenfalls in der Hauptsache Siede- und Tauzustände in dieser Weise zu berechnen sind, wie dies an Hand der Zahlentafeln 5 bis 13 noch erläutert wird, wurde die Zahlentafel 15 im Anhang für Temperaturschritte von 2° aufgestellt, damit alle erforderlichen Druckwerte zur Verfügung stehen und die Rechnungen mit geringstem Zeitaufwand durchgeführt werden können. Das Ablesen solcher Werte aus Diagrammen ist viel zu umständlich und außerdem meist zu ungenau.

c) Abwandlung der Mengendarstellung.

Die Abb. 10 läßt deutlich erkennen, wie sich die Zusammensetzung des Kolbeninhaltes ändert. Dadurch, daß aber der Linienzug für jede Zusammensetzung neu gezeichnet werden muß, geht der unmittelbare Zusammenhang mit dem für das Einsatzgemisch gegebenen Linienzug verloren. Es hat sich bei der Lösung des noch zu

behandelnden Hauptproblems eine Änderung dieser Darstellungsweise als sehr fruchtbar
erwiesen. Sie soll deshalb gleich hier behandelt werden, weil der Vergleich mit Abb. 10
die Vorteile erkennen läßt. Man trägt die Zusammensetzungen nicht entsprechend
dem festen Randmaßstab auf, sondern benutzt einen beweglichen Maßstab gleicher
Teilung. Diesen legt man mit den gefundenen Werten an die einzelnen Punkte des
für das Einsatzgemisch gegebenen
Linienzuges und markiert die Punkte
für den Wert 1 des beweglichen Maßstabes, so daß die Menge der Komponente zwischen der Hilfslinie und
der Linie des Einsatzgemisches abgelesen wird. Auf diese Weise kommt
man zu der in Abb. 11 wiedergegebenen Darstellungsform.

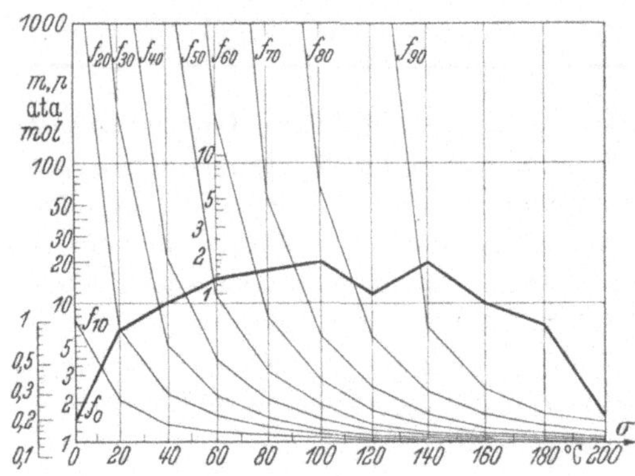

Abb. 11. Änderung der Zusammensetzung des Kolbeninhaltes
in der abgewandelten Mengendarstellung.

Die Benutzung des beweglichen
Maßstabes ist für zwei Fälle erläutert,
und zwar für die Zusammensetzung
des Stoffes „0 °C" im Falle des Linienzuges f_{10} und für die Zusammensetzung des Stoffes „60 °C" für den
Fall des Linienzuges f_{50}. Im ersten Falle ist $f_{(0)10} = 0{,}20$ mol, im zweiten Falle
$f_{(60)50} = 1{,}34$ mol. Die Linienzüge f_{10} bis f_{90} der Abb. 11 entsprechen genau den in
Abb. 10 wiedergegebenen; der freistehende Index von f gibt hier an, wieviel Mol-
prozente des Kolbeninhaltes übergegangen sind. Die Darstellung nach Abb. 11 hat
neben anderen noch zu erläuternden Vorteilen auch den, daß sie etwaige Rechenfehler
besser erkennen läßt.

d) Beziehungen zwischen wahrer Siedepunktskurve, Flashkurve und Siedeanalyse (nach Engler oder ASTM).

Zwar wurde bereits in Abschnitt 5 a auf die Einschränkungen hingewiesen, die es
verbieten, die hier rechnerisch gewonnenen Ergebnisse mit den experimentell ermittelten Ergebnissen einer Siedeanalyse vollkommen gleichzusetzen. Trotzdem erscheint es sinnvoll, wegen der zweifellos vorhandenen Ähnlichkeit zwischen ge-
messenem und berechnetem Siedeverlauf diesen mit der wahren Siedepunktskurve
und mit der Flashkurve zu vergleichen. Der Unterschied durch die Verwendung von
Molenanteilen im einen und Volumenanteilen im anderen Fall ist wiederum zu beachten. Es macht aber keine grundsätzlichen Schwierigkeiten, die Ergebnisse der
einen Darstellungsart in die andere zu übertragen. Mangels näherer Angaben wird es
bei Aufgaben der Erdölverarbeitung wohl zulässig sein, für die Molekulargewichte die
Werte der Normalparaffine gleicher Siedelage der Umrechnung zugrunde zu legen.
Es sind deshalb in Zahlentafel 19 im Anhang auch die Molekulargewichte der fiktiven
Kohlenwasserstoffe angegeben[1]. Für die Umrechnung von den so ermittelten Gewichten
auf die Volumina wird man die Werte für die Wichte auf ähnliche Weise bestimmen.

---

[1] Diagramme zur Bestimmung des (mittleren) Molekulargewichtes von Erdölfraktionen aus
Dichtezahl und mittlerem Siedepunkt bei Nelson: a. a. O. S. 146 und Maxwell: a. a. O.
S. 21/23.

Wenn man die nach obenstehenden Ausführungen ermittelten Temperaturen des Kolbeninhaltes, die auch in Abb. 10 eingetragen sind, zusammen mit der wahren Siedepunktslinie und der für 1 ata der Abb. 6b zu entnehmenden Flashkurve aufträgt, erhält man die Kurven *a* bis *c* der Abb. 12. Die Bedeutung der Kurven *d* und *e* dieser Abbildung wird später erläutert.

Theoretisch muß bei dieser Darstellung die Kurve der Siedeanalyse im selben Punkt wie die Flashkurve beginnen. Bei der experimentellen Prüfung mißt man aus den in Abschnitt 6a angeführten Gründen eine niedrigere Temperatur. Dies ist auch in Abb. 12 angedeutet. Das Ende der Kurve der Siedeanalyse müßte theoretisch mit dem Endpunkt der wahren Siedepunktslinie zusammenfallen; praktisch liegt dieses Ende, sofern das Gemisch überhaupt vollständig verdampft, ohne die Zersetzungs-

temperatur zu erreichen, gewöhnlich tiefer als der Endpunkt der wahren Siedepunktslinie. Dies erscheint verständlich, wenn man Abb. 10 oder 11 betrachtet.

Man sieht daraus, daß gegen Ende der Siedeanalyse, wenn bereits 90% übergegangen sind, der Kolbeninhalt selbst von der Komponente mit dem Siedepunkt 140°C und erst recht von beiden folgenden Komponenten noch erhebliche Mengen enthält, so daß sich dies auf die Siedetemperatur sehr merkbar auswirkt. Auch spielt die Schnelligkeit der Verdampfung eine gewisse Rolle. Gegen Schluß der Siedeanalyse nähern sich die Verhältnisse wegen der immer kleiner werdenden Menge des Kolbeninhaltes und

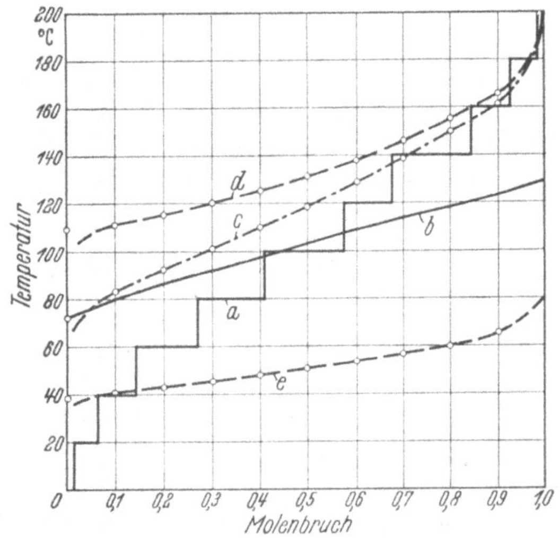

Abb. 12. Wahre Siedepunktskurve, Flashkurve und Engler-Analyse.

der Größe des Dampfraumes denen einer Gleichgewichtsverdampfung, bei der die Temperaturen tiefer liegen. Dadurch dürfte es zu erklären sein, daß zwischen den experimentell ermittelten Ergebnissen und den hier durch Rechnung gewonnenen gewisse Unterschiede bestehen. Immerhin dürfte das Berechnungsverfahren geeignet sein, diese Zusammenhänge noch näher zu untersuchen. So läßt sich z. B. leicht erklären, warum eine mit Hilfe der üblichen Siedeanalyse festgestellte Siedelücke zwischen zwei Produkten noch lange nicht bedeutet, daß diese keine gleichsiedenden Komponenten enthalten. Diese durchaus bekannte Tatsache stellt die Brauchbarkeit der üblichen Siedeanalysen für eine strenge Beurteilung technisch durchgeführter Trennvorgänge einigermaßen in Frage.

Es dürfte sich lohnen, das hier dargelegte Berechnungsverfahren dazu zu benutzen, um die Seite 6 erwähnten, auf Grund empirischer Daten entwickelten Verfahren systematisch zu überprüfen, die meist von der Neigung der Siedeanalyse in einem Teilbereich ausgehen, um z. B. die Flashkurve abzuleiten.

7. Betriebsverhältnisse in einer Fraktionierkolonne ohne Seitenabläufe.

Alle Berechnungen von Fraktionierkolonnen mit Glockenböden gehen zunächst davon aus, daß sich auf den einzelnen Böden ein vollkommenes Gleichgewicht zwischen Dampf und Flüssigkeit einstellt. Diese Annahme wird auch hier getroffen. Es werden also, wie dies allgemein üblich ist, theoretische Bodenzahlen ermittelt. Aufgabe weiterer Untersuchungen wird es sein zu prüfen, ob das vorgeschlagene Berechnungsverfahren auch geeignet ist, unter Benutzung der Ergebnisse bereits durchgeführter Untersuchungen die Verhältnisse auf den einzelnen Böden selbst genauer zu erfassen[1].

Es war naheliegend zu prüfen, in welcher Form die Berechnung von Gleichgewichten nach Hoffmann dazu benutzt werden kann, die in Fraktionierkolonnen herrschenden Betriebsverhältnisse wiederzugeben, insbesondere die Zusammensetzungen und die Temperaturen auf den Böden zu ermitteln und wenn möglich die Vorausberechnung der Bodenzahlen zu erleichtern. Die Überlegungen führten dazu, von den Grundgedanken, auf die sich das Verfahren von McCabe und Thiele stützt, auszugehen. Diese sollen deshalb kurz dargelegt werden.

a) Das McCabe-Thiele-Diagramm für Zweistoffgemische.

In Abb. 13 ist ein McCabe-Thiele-Diagramm schematisch wiedergegeben. Bekannterweise kann damit bei der mit x_m gegebenen Zusammensetzung des Eintrittsgemisches die theoretische Bodenzahl bestimmt werden, die erforderlich ist, um eine gewünschte Konzentration x_k des Kopfproduktes und eine Konzentration x_s des Sumpfproduktes zu erreichen. Die dünn ausgezogene Treppenlinie gibt die Verhältnisse bei unendlichem Rücklauf, die dick ausgezogene die bei endlichem Rücklauf v wieder. Jeder Punkt auf der gekrümmten Gleichgewichtskurve sagt aus, welche Zusammensetzung y der Dampf hat, der mit einer Flüssigkeit von der Zusammensetzung x im Gleichgewicht steht. Es mußte also versucht werden, diese Punkte entweder durch die graphische Darstellung von Hoffmann oder durch die Ergebnisse der in Tabellen durchgeführten Berechnung wiederzugeben. Es hat sich gezeigt, daß man die Berechnung in Tabellen vorziehen muß, um die Aufgabe rasch zu lösen. Die Ergebnisse werden dann in ein m, σ-Diagramm übertragen, wobei sich die Abwandlung der Darstellungsweise nach Abb. 11 als sehr zweckmäßig erweist.

Mit einem Rechnungsgang allein ist aber die gestellte Aufgabe nicht zu lösen, weil bei Vielstoffgemischen die Mengenbilanz für jede einzelne Komponente stimmen muß. Im McCabe-Thiele-Diagramm ist dieser Umstand bereits berücksichtigt, weil durch die Kennzeichnung der Zusammensetzung in Anteilen einer Komponente die Zusammensetzung des Gemisches bereits eindeutig definiert ist. Bei Vielstoff-

---

[1] Vgl. hiezu Lewis, W. K. und H. D. Wilde: Plate Efficiency in Rectification of Petroleum. Trans. Am. Inst. Chem. Engnrs., Bd. 21 (1928), S. 99/126. — Carey, J. S., J. Griswold, W. K. Lewis und W. H. McAdams: Plate Efficiencies in Rectification of Binary Mixtures. Trans. Am. Inst. Chem. Engnrs., Bd. 30 (1933/34), S. 504/509; weiterhin die zahlreichen Arbeiten von H. Hausen sowie E. Kirschbaum und Mitarbeitern, die in dem in Fußnote 1 Seite 1 erwähnten Buch von E. Kirschbaum zusammenfassend dargestellt sind. — Williams, G. C., E. K. Stigger und J. H. Nichols: A Correlation of Plate Efficiences in Fractionating Columns. Chem. Engng. Progr. Bd. 46 (1950) S. 7/16.

gemischen müssen aber die Mengen der einzelnen Komponenten auf jedem Boden besonders bestimmt werden. Dies gibt erst wieder die Möglichkeit, die richtigen

Gleichgewichtsverhältnisse zu berechnen.

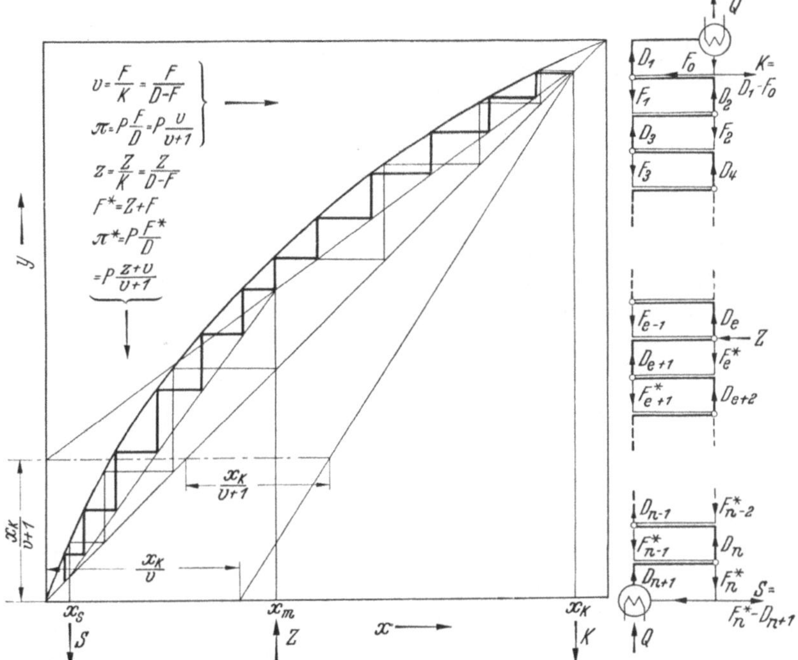

Abb. 13. Schematisches McCabe-Thiele-Diagramm und Schema des Stoffflusses.

b) Schema des Stoffflusses in einer Fraktionierkolonne.

Um die Zusammenhänge besser zu übersehen, ist in Abb. 13 rechts schematisch wiedergegeben, wie das zu trennende Gemisch die Rektifiziersäule durchfließt. Es müssen dabei zunächst vereinfachende Annahmen getroffen werden, um das Bild nicht zu verwirren. Es wäre jedoch nicht zweckmäßig, hier, wo es sich darum handelt, die Grundlagen des Verfahrens darzulegen, die Berechnung durch Berücksichtigung zusätzlicher Einflüsse zu erschweren. Die Annahmen sind folgende:

1. Einfache Trennung des zu verarbeitenden Gemisches in Kopf- und Sumpfprodukt ohne die Abnahme von Seitenströmen;

2. einsinniger Wärmefluß und damit einsinnige Temperaturabnahme in der Kolonne von unten nach oben;

3. Vernachlässigung von Wärmeverlusten nach außen;

4. konstante und gleiche molare Verdampfungswärme sämtlicher Einzelkomponenten;

5. Zulauf des zu trennenden Gemisches im siedenden Zustand;

6. Aufgabe des Rücklaufes im siedenden Zustand;

7. Vernachlässigung des Druckabfalles.

Alle diese Annahmen liegen auch dem McCabe-Thiele-Diagramm zugrunde. Es wird sich jedoch zeigen, daß man bei dem hier vorgeschlagenen Verfahren von diesen Annahmen absehen kann und daß es dadurch möglich wird, das Verfahren auch auf kompliziertere, der Praxis besser entsprechende Betriebsverhältnisse anzuwenden[1].

Es muß noch eine stillschweigend getroffene Annahme wenigstens erwähnt werden, die nur die Dimensionen betrifft. Es wird bei allen Rechnungen der beschriebenen und der noch zu erläuternden Art immer nur von Mengen gesprochen, die hier in mol ausgedrückt sind. Bei Kolonnen sind aber für die Praxis Durchsatzmengen von Interesse, also Mengen je Zeiteinheit. Trotzdem dürfte es keine Schwierigkeiten machen, im Gedächtnis zu behalten, daß alle folgenden Mengenangaben streng genommen mol/sek, kmol/h oder ähnlich zu lauten haben.

Die in das Schema der Abb. 13 eingetragenen Mengen bedeuten in Übereinstimmung mit den bereits eingeführten Beziehungen jeweils die Molzahl des Gesamtgemisches, und zwar

D die Dampfmenge, die in der Kolonne nach oben strömt,

F die Flüssigkeitsmenge, die in der Kolonne nach unten strömt,

Z die Menge des Zulaufes,

K die Menge des Kopfproduktes und

S die Menge des Sumpfproduktes.

Die Indizes beziehen sich auf die einzelnen Böden, wie dies aus Abb. 13 rechts hervorgeht. Die Verhältnisse in der Abtriebssäule sind von denen in der Verstärkungssäule durch ein hochgestelltes Sternchen unterschieden. Mit Q ist die zu- und abzuführende Wärmemenge bezeichnet.

Da gemäß Annahme 4. die molare Verdampfungswärme aller Einzelkomponenten zunächst gleichgesetzt wird, sind alle Dampfmengen D_1 bis D_{n+1} in ihrer Zusammensetzung wohl verschieden, in ihrer Menge aber gleich.

Wenn man also

$$D_1 = D_2 = \ldots\ldots = D_{n+1} = D \tag{13}$$

schreibt, so darf dies nicht auf die Zusammensetzung als solche bezogen werden, sondern nur auf die Molzahl. Es werden deshalb im folgenden Großbuchstaben nur dort benutzt, wo es sich um die Gesamtmengen ohne Rücksicht auf die Zusammensetzung handelt. Sinngemäß ergibt sich aus vorstehenden Angaben

$$F_0 = F_1 = \ldots\ldots = F_{e-1} = F, \tag{14}$$

$$F = D - K, \tag{15}$$

$$F^*{}_e = F^*{}_{e+1} = \ldots\ldots = F^*{}_n = F^*, \tag{16}$$

$$F^* = Z + F, \tag{17}$$

$$S = F^* - D. \tag{18}$$

---

[1] Wegen Vorschlägen, die obigen Einschränkungen 1. und 4. beim Berechnungsverfahren von McCabe und Thiele fallen zu lassen, siehe die Arbeit F. Florin: Graphostatische Behandlung der Rektifikation von Zweistoffgemischen. Chem.-Ing.-Techn.Bd. 22 (1950), S. 389/395, und Bd. 23 (1951); zweiter Teil erscheint demnächst.

Führt man nun die von der Ableitung des McCabe-Thiele-Diagrammes her bekannten Verhältniszahlen ein und zwar für das Rücklaufverhältnis v die Größe

$$v = \frac{F}{K} = \frac{F}{D - F} \tag{19}$$

und für das Zulaufverhältnis z die Größe

$$z = \frac{Z}{K} = \frac{Z}{D - F}, \tag{20}$$

so erhält man durch Benutzung der Gl. (7) auf einfache Weise den Frakturdruck

$$\pi = P\frac{F}{D} = P\frac{v}{v + 1} \tag{21}$$

zur Berechnung der Gleichgewichte auf den Böden der Kolonne für die Verstärkungssäule. In gleicher Weise ergibt sich für die Abtriebssäule die Beziehung

$$\pi^* = P\frac{F^*}{D} = P\frac{v + z}{v + 1} \tag{22}$$

Es überrascht nicht, daß diese Gleichungen äußerlich mit Formeln übereinstimmen, die auch bei der Ableitung des McCabe-Thiele-Diagrammes auftreten. Man kann also auf diese Weise die auf den Böden miteinander im Gleichgewicht stehenden Mengen unmittelbar mit Hilfe der so gegebenen Frakturdrücke bestimmen.

c) Kolonnenberechnung für unendliches Rücklaufverhältnis.

Da bei unendlichem Rücklaufverhältnis die Betriebsbedingungen einer Kolonne besonders gut zu übersehen sind und auch die Darstellung im McCabe-Thiele-Diagramm sehr einfach ist, schien es empfehlenswert, zunächst einmal zu untersuchen, welches Ergebnis man erhält, wenn man mit Hilfe der Gleichgewichte von Vielstoffgemischen rechnet. Da bei unendlichem Rücklaufverhältnis der Durchsatz der Kolonne null ist, d. h. also

$$Z = K = S = 0, \tag{23}$$

folgt daraus

$$D = F. \tag{24}$$

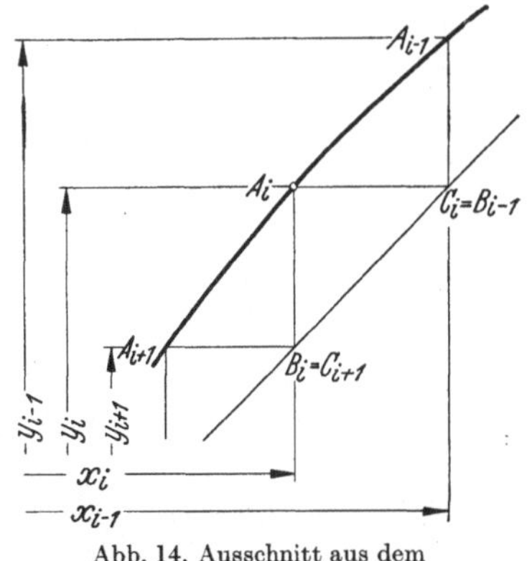

Abb. 14. Ausschnitt aus dem McCabe-Thiele-Diagramm.

Es kommt also auf jeden Boden so viel an Flüssigkeit zurück, wie an Dampf aufsteigt. Greift man einen Ausschnitt aus dem McCabe-Thiele-Diagramm heraus, wie er in Abb. 14 gezeigt ist, so bedeutet der Punkt A_i für den i-ten Boden, daß dort ein Dampf von der Zusammensetzung y_i mit einer Flüssigkeit von der Zusammensetzung x_i im Gleichgewicht steht. Die zulaufende Flüssigkeit, die durch den Punkt C_i gekennzeichnet ist, hat die Zusammensetzung x_{i-1}, der vom unteren Boden kommende Dampf die Zusammensetzung y_{i+1}. Da aber bei unendlichem Rücklauf die Punkte B bzw. C auf der unter 45° geneigten Rücklaufgeraden liegen, die durch den Ursprung geht, ist in diesem Fall

$$x_{i-1} = y_i , \qquad x_i = y_{i+1} . \tag{25a u. b}$$

Wenn man also die Betriebsverhältnisse bei unendlichem Rücklauf von Boden zu Boden verfolgen will, berechnet man zuerst, bei welcher Temperatur das Eintrittsgemisch zu sieden beginnt. Für die Wahl des Frakturdruckes ist in diesem Fall Gl. (21) mit v unbrauchbar; vielmehr erhält man direkt aus den Gl. (7) und (24)

$$\pi = P . \tag{26}$$

Die weitere Rechnung ist äußerst einfach. So wie sich beim Zweistoffgemisch $x_{i-1} = y_i$ ergibt, ist auch beim Vielstoffgemisch die Zusammensetzung des zum $(i-1)$-ten Boden strömenden Dampfes gleich der Zusammensetzung der von diesem Boden abfließenden Flüssigkeit. Man braucht somit nur zu dieser Flüssigkeitszusammensetzung die im Siedezustand mit ihr im Gleichgewicht stehende Dampfzusammensetzung zu berechnen und so weiter von Boden zu Boden der Verstärkungssäule. Sinngemäß rechnet man abwärts für die Böden der Abtriebssäule, indem man zu der Zusammensetzung des hochströmenden Dampfes die der Flüssigkeit auf dem darunter liegenden Boden bestimmt.

Das Ergebnis der Rechnung ist für einen mit $P = 1{,}6$ ata angenommenen Betriebsdruck in Abb. 15 gezeigt. Als Einsatz ist wieder das bereits behandelte Modellgemisch

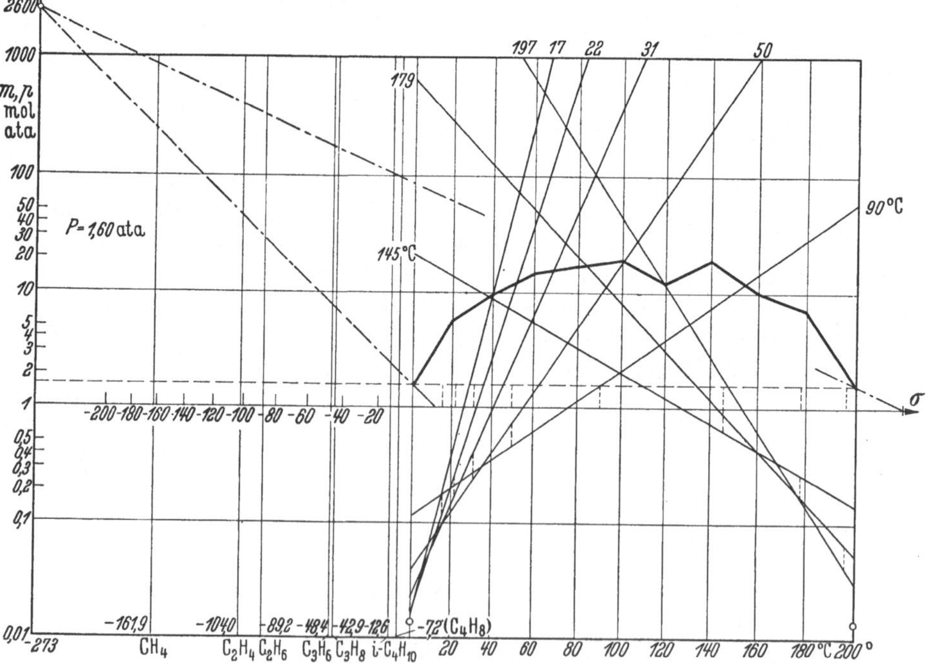

Abb. 15. Gemischzusammensetzung bei unendlichem Rücklauf und $P = 1{,}6$ ata.

gewählt. Dabei ist von der an Hand der Abb. 11 erläuterten Darstellungsweise Gebrauch gemacht, nicht die Zusammensetzungen immer neu aufzutragen, sondern

Hilfslinien zu verwenden, die sich auf den Linienzug beziehen, der das Einsatzgemisch darstellt.

Man sieht, wie sich die leichteste bzw. die schwerste Komponente von Boden zu Boden anreichert. Man kann eine beliebig hohe Konzentration bei entsprechender Bodenzahl erreichen. Die Temperaturen auf den Böden streben zwei Grenzwerten zu, die durch die Siedetemperaturen der beiden Grenzkomponenten bei 1,6 ata gegeben sind. Aus Abb. 15 kann mit Hilfe der strichpunktierten Dampfdruckgeraden abgelesen werden, daß diese Temperaturen bei dem gewählten Betriebsdruck von 1,6 ata etwa bei 12 °C und bei 210 °C liegen.

Das Ergebnis ist insofern aufschlußreich, als es zeigt, daß bei hohem Rücklaufverhältnis wohl die Grenzkomponenten in großer Reinheit gewonnen werden können, daß es aber völlig ausgeschlossen ist, damit einen scharfen Schnitt, etwa in der Mitte des Gemisches zu nehmen. Diese Tatsache ist in der Praxis durchaus bekannt. Mit Hilfe des McCabe-Thiele-Diagramms kann sie aber in keiner Weise bewiesen oder das Gegenteil widerlegt werden.

Es kann darauf verzichtet werden, weitere Einzelheiten der Abb. 15 zu diskutieren. Mit großem Rücklaufverhältnis werden Kolonnen meist nur bei der Verarbeitung von Kohlenwertstoffen wie Teer und Teerprodukten betrieben[1]. Gerade bei diesen ist es aber fraglich, wie weit die Voraussetzungen des hier vorgeschlagenen Verfahrens wegen des nicht idealen Verhaltens der einzelnen Komponenten erfüllt sind.

Wichtig ist es jedoch, aus der Abb. 15 zu erkennen, daß die Zusammensetzungen durch gerade Linien dargestellt werden. Dies ist die einfache Folge der Benutzung des $\lg p, \sigma$ - bzw. des $\lg m, \sigma$ -Netzes, wie sie an Hand von Abb. 5 erläutert wurde. Denn jede Gerade für die Zusammensetzung auf einem folgenden Boden könnte, so wie in Abschnitt 3d beschrieben, dargestellt werden, wenn man die Zusammensetzungen auf dem vorhergehenden Boden neu einzeichnete. Man müßte also z. B. die Ordinatenabstände zwischen der Geraden für 90 °C und dem Linienzug für das Einsatzgemisch, welche die Dampfzusammensetzung über dem Eintrittsboden darstellen, von der Grundlinie $m = 1$ neu auftragen. Dann erhielte man mit der π/p-Linie zu dieser Zusammensetzung als Flüssigkeit auf dem darüber liegenden Boden wiederum die zugehörige Dampfzusammensetzung. Sie würde die Linie für $\pi = P = 1,6$ ata bei der Temperatur von 50 °C, die sich aus der Rechnung ergibt, schneiden. Aus Abb. 15 ist zu sehen, daß die Linie für 50 °C in entsprechender Weise die zu 50 °C gehörende Ordinate bei einem um 1,6 höher liegenden Punkt schneidet als die Gerade für 90 °C.

Den auf den Ordinaten der Grenzkomponenten eingetragenen, durch Kreise gekennzeichneten Punkten nähern sich die Schnittpunkte der einzelnen Geraden mit diesen Ordinaten, erreichen sie theoretisch aber erst bei unendlicher Bodenzahl. Die Punkte sind dadurch gegeben, daß die Gesamtmenge von 120 mol nur aus der bei 0 °C bzw. aus der bei 200 °C siedenden Komponente besteht.

Man muß sich davor hüten, aus diesen theoretisch abgeleiteten Zusammenhängen zu weitgehende Folgerungen für die Praxis zu ziehen. Doch ist es, wenn man sich mit dem Verfahren vertraut machen will, ganz vorteilhaft, auch die bei unendlichem Rücklauf herrschenden Verhältnisse durchzudenken und an Hand der beschriebenen Darstellungsweise zu überlegen.

---

[1] Die Verhältnisse bei Laboratoriums-Destillationen bleiben hier außer Betracht.

d) Erforderliche Annahmen für die Kolonnenberechnung bei endlichem Rücklaufverhältnis.

Der einfache Verlauf der Hilfslinien für die Zusammensetzungen bei unendlichem Rücklaufverhältnis legte die Vermutung nahe, daraus eine Darstellung ableiten zu können, die für endliche Rücklaufverhältnisse geeignet ist. Bemühungen, die Bedeutung der einzelnen Punkte auf den Verstärkungs- und Betriebsgeraden des McCabe-Thiele-Diagramms für die hier angestrebte Lösung des Problems zu Hilfe zu nehmen, führten nach Versuchen, die in verschiedenen Richtungen unternommen wurden, zu keinerlei Erfolg. Man muß erkennen, daß eben bei Mehr- und Vielstoffgemischen die Verhältnisse wesentlich komplizierter liegen als bei Zweistoffgemischen, für die das Verfahren von McCabe und Thiele eine durchaus geniale Lösung darstellt.

Eine zweite Reihe von Versuchen ging von der Überlegung aus, daß das Rücklaufverhältnis für die einzelnen Komponenten verschieden ist. So ist es z. B. für alle Komponenten des Einsatzgemisches, die im Kopfprodukt nicht mehr erscheinen, auch bei endlichem Gesamtrücklaufverhältnis unendlich. Die einzelnen Punkte für diese Komponenten sollten also auch in diesem Falle auf geraden Linien liegen. Alle Versuche, vom Einsatzgemisch ausgehend z. B. die Größe F_{e-1} auf Grund der Verhältnisse bei unendlichem Rücklaufverhältnis anzunehmen und so von Boden zu Boden zu rechnen, scheiterten jedoch. Dies ist ohne weiteres verständlich, wenn man aus den später folgenden Abbildungen sieht, wie die Linien für die Zusammensetzung von Dampf und

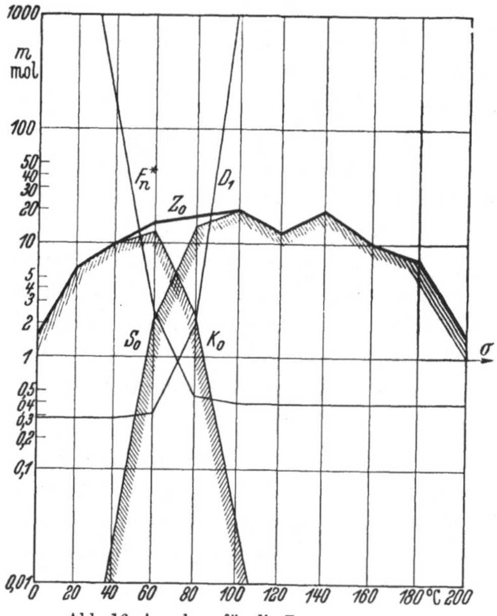

Abb. 16. Annahme für die Zusammensetzung des Kopf- und Sumpfproduktes.

Flüssigkeit auf den Böden tatsächlich verlaufen. Sie im voraus einigermaßen genau abschätzen zu wollen, erscheint vollkommen aussichtslos.

Es ist daher am zweckmäßigsten, von der gewünschten Zusammensetzung des Kopf- und Sumpfproduktes auszugehen, so wie man auch bei der Handhabung des McCabe-Thiele-Diagramms verfährt. Während man aber beim Zweistoffgemisch in der Wahl der Konzentration im Sumpfprodukt noch freie Hand hat und sich diese Wahl nur auf die Menge des Zulaufes auswirkt, liegen die Verhältnisse beim Vielstoffgemisch anders. Dies läßt sich an Hand von Abb. 16 erläutern.

Bei den in der Technik angestrebten Fraktionierungen will man erreichen, daß wenigstens die tief siedenden Komponenten des Kopfproduktes im Sumpfprodukt überhaupt nicht mehr vorhanden sind, und umgekehrt, daß die höher siedenden Komponenten des Sumpfproduktes nicht mehr im Kopfprodukt erscheinen. Infolgedessen ist durch eine Annahme der Zusammensetzung des Kopfproduktes bei gegebenem Einsatzgemisch die Zusammensetzung des Sumpfproduktes festgelegt — sofern man wie hier keine

Seitenströme abnimmt —. Die dazu erforderlichen Berechnungen sind in Zahlentafel 4 zusammengestellt.

Zahlentafel 4. *Annahmen für Kopf- und Sumpfprodukt und Ermittlung der Mengen bei einem Rücklaufverhältnis $v = 2$.*

$t_a \triangleq \sigma$	Z_0	angenommen		umgerechnet		
		K_0	S_0	D_1	F^*	S
0	1,5	1,50	—	5,48	—	—
20	6,0	6,00	—	21,95	—	—
40	10,0	9,98	0,02	36,51	$0,05_2$	$0,02_4$
60	15,0	12,80	2,20	46,90	5,71	2,67
80	17,0	2,48	14,52	9,05	37,64	17,63
100	20,0	0,04	19,96	0,11	51,73	24,27
120	12,0	—	12,00	—	31,09	14,59
140	20,0	—	20,00	—	51,83	24,32
160	10,0	—	10,00	—	25,91	12,16
180	7,0	—	7,00	—	18,15	8,51
200	1,5	—	1,50	—	3,89	$1,82_4$
	120,0 $=$ 32,80 $+$ 87,20			120,00	226,00	106,00

Als Einsatzgemisch Z_0 ist wiederum das schon behandelte Modellgemisch mit elf Komponenten, die in Abständen von 20° zwischen 0° und 200 °C sieden, gewählt. Aus der Annahme für das Kopfprodukt K_0 ergibt sich auf einfache Weise die Zusammensetzung des Sumpfproduktes S_0. Der Index $_0$ soll dazu dienen, die Ableitung aus der mit 120 mol gewählten Grundmenge des vorgegebenen Gemisches zu kennzeichnen. Die in Zahlentafel 4 erscheinenden Mengen sind aber nicht jene, mit denen die Berechnung der Kolonne durchgeführt wird.

Man muß nun für die der Rechnung zugrunde zu legende Dampfmenge D eine Festlegung treffen. Diese ist beliebig, weil am Ende der Rechnung jederzeit auf die gewünschte Durchsatzmenge umgerechnet werden kann. Es wurde hier für D ebenfalls der Betrag von 120 mol gewählt, doch braucht er sich keineswegs mit der ursprünglichen Menge des Einsatzgemisches zu decken. Diese Festlegung erklärt sich aus den hier nicht näher erläuterten, vorhergegangenen Überlegungen, die Lösung des Problems auf anderem Wege zu finden. Zweckmäßiger ist es, $D = 100$ mol zu setzen, solange man die Änderung der Verdampfungswärme nicht berücksichtigt. Will man dies aber tun — vgl. Seite 48 —, dann ist es völlig gleichgültig, wie groß man D zunächst für die Rechnung annimmt. Der Wert ändert sich doch in diesem Falle von Boden zu Boden.

Für die Rechnung ist noch eine zweite Annahme erforderlich, und zwar die des Rücklaufverhältnisses. Es wird hier das Beispiel mit dem Rücklaufverhältnis $v = 2{,}0$ erläutert, da ein solches in der Größenordnung den bei der Destillation von Erdöl üblichen Betriebsverhältnissen entspricht und außerdem durch die Wahl dieses niedrigen Wertes die Unterschiede gegenüber den Verhältnissen bei unendlichem Rücklauf deutlich werden. Da die Zusammensetzung des Dampfes, der vom obersten Boden aufsteigt und im Kondensator niedergeschlagen wird, gleich der gewünschten Zusammensetzung des Kopfproduktes sein muß, ergibt sich auf einfache Weise gemäß Zahlentafel 4 die Zusammensetzung von $D_1 = \dfrac{120}{32{,}8} K_0$ bzw. für jede Einzelkomponente $d_{1i} = \dfrac{120}{32{,}8} k_{0i}$[1].

---

[1] Hier bezieht sich der erste Index von d entsprechend Abb. 13, Seite 31, auf den Boden, bei k hat er dieselbe Bedeutung wie bei K; der zweite Index, der meist so wie auf Seite 8 entbehrt werden kann, soll die einzelne Komponente kennzeichnen.

Mit der Festlegung der Menge von D und den Annahmen der Zusammensetzung des Kopfproduktes und des Rücklaufverhältnisses v kann nun die Berechnung der Betriebsverhältnisse in der Kolonne durchgeführt werden. Betrachtet man das in Abb. 13 rechts, Seite 31, wiedergegebene Schema, so erkennt man unter Berücksichtigung der in Abschnitt 7 b aufgestellten Voraussetzungen, daß alle Daten für die Ermittlung des auf dem obersten Boden herrschenden Zustandes gegeben sind. Aus D und v folgt für die Menge des Kopfproduktes

$$K = \frac{D}{v + 1} = \frac{120}{3} = 40 \text{ mol} .$$

Damit ergibt sich

$$F_0 = F = D - K = 120 - 40 = 80 \text{ mol} .$$

Weiterhin erhält man die Zulaufmenge auf Grund der Überlegung, daß das abzuziehende Kopfprodukt K in dem Zulauf enthalten sein muß. Somit folgt

$$Z = \frac{K}{K_0} \cdot Z_0 = \frac{40}{32,80} \cdot 120 = 146 \text{ mol} .$$

Das Zulaufverhältnis z wird dann

$$z = \frac{Z}{K} = \frac{146}{40} = 3,66 .$$

Für die Abtriebssäule erhält man aus vorstehendem die Flüssigkeitsmenge

$$F_n{}^* = F^* = Z + F = 146 + 80 = 226 \text{ mol} .$$

Die Zusammensetzung von $F_n{}^*$, die gleich der des Sumpfproduktes sein muß, erhält man durch Umrechnung aus S_0 gemäß Zahlentafel 4 zu $F^* = \dfrac{226}{87,2} \, S_0$ bzw. $f_i{}^* = \dfrac{226}{87,2} \, s_{0i}$. Schließlich folgen die Werte für das abzuziehende Sumpfprodukt S, dessen Menge

$$S = F^* - D = 226 - 120 = 106 \text{ mol}$$

beträgt, ebenfalls aus der für S_0 ermittelten Zusammensetzung.

Um zu zeigen, was die für das Kopfprodukt getroffene Annahme bedeutet, wurden dafür und für das zugehörige Sumpfprodukt die Siedeanalysen nach Abschnitt 6 b berechnet. Sie sind als Kurven d und e in Abb. 12, Seite 29, eingetragen und lassen erkennen, daß zwischen beiden eine Siedelücke von etwa $20°$ besteht. Dies würde also eine ziemlich scharfe Trennung bedeuten.

e) Durchführung der Berechnung für endliches Rücklaufverhältnis.

Die Berechnung selbst kann an Hand des Schemas in Abb. 13 verfolgt werden. Zuerst wird man die Verhältnisse im Kondensator nachrechnen und die Temperatur bestimmen, die das Kondensat nach vollständiger Kondensation erreicht. Sie entspricht dem Siedezustand. Wie weit das Kondensat dann noch unterkühlt wird, hängt von der Größe des Kondensators ab, soll aber hier mit Rücksicht auf Annahme 6

Zahlentafel 5. *Berechnung der Siedetemperatur des Kopfproduktes im Kondensator.*

Kondensator   Siedezustand $P = \pi = 5,0$ ata

$t_a \triangleq \sigma$	$f = d_1$	$\dfrac{f}{\pi}$	90° C		100° C		96° C		98° C		97,8° C	
°C	mol	—	p ata	$d = \dfrac{f}{\pi} \cdot p$	p ata	$d = \dfrac{f}{\pi} \cdot p$	p ata	$d = \dfrac{f}{\pi} \cdot p$	p ata	$d = \dfrac{f}{\pi} \cdot p$	p ata	$d = \dfrac{f}{\pi} \cdot p$
0	5,48	1,096	12,43	13,61	14,96	16,40	13,90	15,43	14,42	15,80		15,76
20	21,95	4,390	7,21	31,65	8,97	39,38	8,23	36,15	8,59	37,70		37,51
40	36,51	7,302	4,20	30,70	5,20	38,00	4,80	35,05	5,00	36,50		36,32
60	46,90	9,380	2,40	22,50	3,08	28,90	2,79	26,20	2,94	27,40		27,26
80	9,05	1,810	1,40	2,53	1,83	3,31	1,65	2,98	1,74	3,15		3,13
100	0,11	0,022	0,73	0,02	1,00	0,02	0,886	0,02	0,942	0,02		0,02
$F = 120,00$			$D = 101,01$		$D = 126,01$		$D = 115,83$		$D = 120,57$		$D = 120,00$	

in Abschnitt 7 b unbeachtet bleiben. Die Berechnung ist in Zahlentafel 5 durchgeführt[1]. Man benutzt hiefür das bereits in Abschnitt 6 b erläuterte Schema. Die Temperatur, die man im vorliegenden Beispiel erhält, ist wegen des hohen Betriebsdruckes verhältnismäßig hoch. Es soll jedoch damit nur gezeigt werden, wie überhaupt zu rechnen ist. Mit D_1 erhält man auf Grund der in Zahlentafel 6 durchgeführten Rechnung die mit ihr im Gleichgewicht stehende Flüssigkeitsmenge F_1 und deren Zusammensetzung. Man sieht, wie es mit Hilfe des Frakturdruckes, der nach Gl. (21) gewählt ist, möglich ist, sofort die gewünschte Menge zu erhalten. Da nun von den zum Boden fließenden und von ihm ablaufenden Mengen die drei Größen F_0, D_1 und F_1 bestimmt sind,

Zahlentafel 6. *Berechnung des Gleichgewichtes auf dem obersten (ersten) Boden.*

1. Boden   Tauzustand $P = 5,0$ ata $v = 2,0$

$$P \frac{v}{v + 1} = 5,0 \ \frac{2}{3} = \pi = 3,33 \text{ ata}$$

$t_a \triangleq \sigma$	d_1	100° C		110° C		108° C		109,6° C	
°C	mol	p ata	$f = \dfrac{d \cdot \pi}{p}$	p ata	$f = \dfrac{d \cdot \pi}{p}$	p ata	$f = \dfrac{d \cdot \pi}{p}$	p ata	$f_1 = \dfrac{d \cdot \pi}{p}$
0	5,48	14,96	1,22	17,96	1,02	17,32	1,05		1,02
20	21,95	8,97	8,14	11,06	6,60	10,61	6,92		6,64
40	36,51	5,20	23,40	6,60	18,42	6,30	19,30		18,52
60	46,90	3,08	50,60	3,89	40,15	3,72	41,95		40,36
80	9,05	1,83	16,52	2,30	13,12	2,20	13,75		13,19
100	0,11	1,00	0,37	1,39	0,27	1,28	0,29		0,27
$D_1 = 120,00$		$F = 100,25$		$F = 79,58$		$F = 83,26$		$F_1 = 80,00$	

kann die zuströmende Dampfmenge D_2 und ihre Zusammensetzung nach Zahlentafel 7 oben ohne weiteres berechnet werden. Mit D_2 erhält man nun gemäß Zahlentafel 8 die Zusammensetzung der von dem zweiten Boden abfließenden Flüssigkeitsmenge F_2 und nach Zahlentafel 7 Mitte aus der Mengenbilanz die Zusammensetzung der

---

[1] Wenn man gemäß Seite 11 verfährt, wird die (dritte) Spalte für f/π nicht benötigt. Deshalb ist von Zahlentafel 6 an diese bzw. die entsprechende Spalte für $d \cdot \pi$ weggelassen. Weiterhin sind bei allen Zwischenrechnungen die Indizes nur in den ersten und letzten Spalten eingesetzt.

Zahlentafel 7.

Mengenbilanzen der beiden obersten Böden der Verstärkungssäule und des Eintrittsbodens.

1. Boden, 109,6° C

$t_a \triangleq \sigma$	0	20	40	60	80	100	Σ	
d_1	5,48	21,95	36,51	46,90	9,05	0,11	120,0	} aus Zahlentafel 6
$+\,f_1$	1,02	6,64	18,52	40,36	13,19	0,27	80,0	
m_1	6,50	28,59	55,03	87,26	22,24	0,38	200,0	
$-\left(f_0 = \dfrac{80}{120}\, d_1\right)$	3,65	14,65	24,33	31,27	6,03	0,07	80,0	entsprechend $v = 2,0$
d_2	2,85	13,94	30,70	55,99	16,21	0,31	120,0	in Zahlentafel 8 einzusetzen

2. Boden, 116,7° C

$t_a \triangleq \sigma$	0	20	40	60	80	100	120	Σ	
d_2	2,85	13,94	30,70	55,99	16,21	0,31		120,0	} aus Zahlentafel 8
$+\,f_2$	0,47	3,68	13,60	41,69	19,92	0,64		80,0	
m_2	3,32	17,62	44,30	97,68	36,13	0,95		200,0	
$-\,f_1$	1,02	6,64	18,52	40,36	13,19	0,27		80,0	aus Zahlentafel 6
d_3	2,30	10,98	25,78	57,32	22,94	0,68		120,0	
korr.				57,31			0,01		Korrektur gemäß Abb. 17

10. Boden, 152,2° C   (Eintritt)

$t_a \triangleq \sigma$	0	20	40	60	80	100	120	140	160	180	200	Σ
d_{10}	$2{,}06_2$	9,08	17,69	31,22	28,22	18,35	$6{,}07_4$	5,35	1,40	0,50	$0{,}05_5$	120,0
$+\,f_{10}$	$0{,}54_4$	$3{,}57_7$	10,95	30,59	43,84	47,40	25,38	36,64	15,11	10,05	$1{,}92_2$	226,0
m_{10}	$2{,}60_6$	$12{,}65_7$	28,64	61,81	72,06	65,75	31,45	41,99	16,51	10,55	$1{,}97_7$	346,0
$-\,f_9$	$0{,}23_2$	$1{,}56_2$	4,96	15,55	25,16	17,16	6,36	6,41	$1{,}81_9$	0,70	$0{,}08_8$	80,0
$m_{10} - f_9$	$2{,}37_4$	$11{,}09_5$	23,68	46,26	46,90	48,59	25,09	35,58	14,69	9,85	$1{,}88_9$	266,0
$z = \dfrac{146}{120}\cdot z_0$	1,83	7,31	12,16	18,25	20,69	24,32	14,60	24,32	12,16	8,53	1,83	146,0

Dampfmenge D_3. In dieser Weise rechnet man von Boden zu Boden und trägt die Ergebnisse in ein lg m, σ-Diagramm ein, wie dies in Abb. 17 gezeigt ist.

Setzt man die Rechnung in der angegebenen Weise fort, so ist man bald gezwungen, Annahmen für die hinzukommenden Komponenten zu treffen. Da diese im Kopf-

Zahlentafel 8.   *Berechnung des Gleichgewichtes auf dem zweiten Boden.*

2. Boden   Tauzustand $P = 5,0$ ata $v = 2,0$

$$P \frac{v}{v+1} = 5,0\,\frac{2}{3} = \pi = 3,33 \text{ ata}$$

$t_a \triangleq \sigma$ °C	d_2 mol	110° C		120° C		116° C		118° C		116,7° C	
		p ata	$f = \dfrac{d\cdot\pi}{p}$	p ata	$f = \dfrac{d\cdot\pi}{p}$	p ata	$f = \dfrac{d\cdot\pi}{p}$	p ata	$f = \dfrac{d\cdot\pi}{p}$	p ata	$f_2 = \dfrac{d\cdot\pi}{p}$
0	2,85	17,96	0,53	21,39	0,45	19,97	0,48	20,67	0,46		0,47
20	13,94	11,06	4,20	13,49	3,44	12,48	3,72	12,98	3,58		3,68
40	30,70	6,60	15,53	8,10	12,65	7,43	13,80	7,80	13,15		13,60
60	55,90	3,89	27,90	4,80	38,85	4,42	42,25	4,61	40,45		41,69
80	16,21	2,30	23,52	2,95	18,34	2,68	20,20	2,81	19,26		19,92
100	0,31	1,39	0,74	1,75	0,59	1,60	0,65	1,67	0,62		0,64
$D_2 = 120,00$		$F = 92,42$		$F = 74,32$		$F = 81,10$		$F = 77,52$		$F_2 = 80,00$	

produkt nicht erscheinen, ist ihr Rücklaufverhältnis unendlich. Hier hilft nun die früher gewonnene Erkenntnis, daß die Punkte für unendliches Rücklaufverhältnis auf Geraden liegen. So ist es möglich, geeignete Annahmen zu treffen, die bei einer rein analytischen Behandlung dieser Frage immer erhebliche Schwierigkeiten machen.

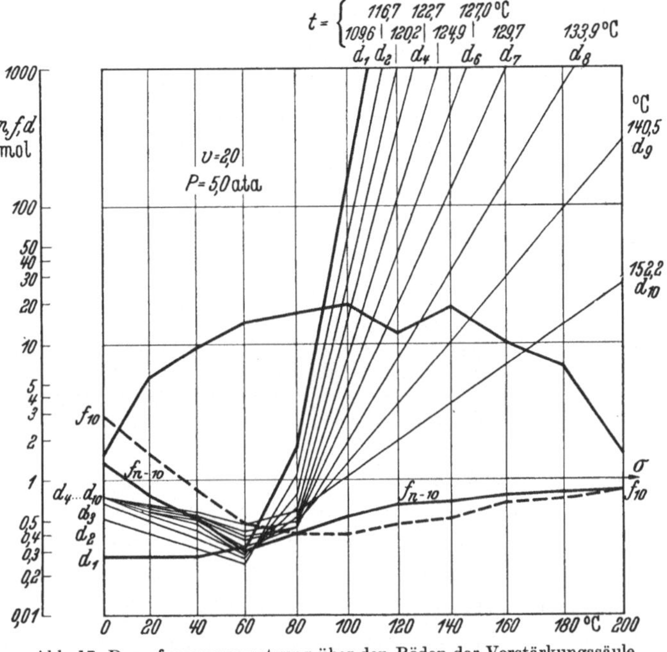

Abb. 17. Dampfzusammensetzung über den Böden der Verstärkungssäule
und Flüssigkeitszusammensetzung auf dem Eintrittsboden.

Hier hat man durch die Darstellung im lg m, σ-Diagramm die Möglichkeit einer einfachen Kontrolle. Da sich nämlich Fehler beim Weiterrechnen vervielfachen, erkennt man dies sofort an dem Verlauf der Linienzüge für die Zusammensetzungen auf den folgenden Böden.

Auf der anderen Seite sind aber die Mengen, die man beim ersten Erscheinen der Komponenten annehmen muß, sehr klein; sie liegen meist unter 0,1% der Gesamtmenge und wirken sich daher auf diese überhaupt nicht aus. Man ändert einfach die Mengenangabe einer oder mehrerer stark vertretener Komponenten entsprechend ab, um auf eine gleichbleibende Summe zu kommen, wie dies in Zahlentafel 7 gezeigt ist. Auf diese Weise kann man bis zum Eintrittsboden weiterrechnen. Darüber hinaus zu rechnen, hat sich als zwecklos erwiesen, weil sich die wegen der zweifachen Annahme für die Zusammensetzung des Kopfproduktes und des Rücklaufverhältnisses in der Rechnung unvermeidbar vorhandenen Diskrepanzen zu stark auszuwirken beginnen.

Es ist nur noch in Zahlentafel 9 die Berechnung des Gleichgewichtes auf dem Eintrittsboden selbst erläutert. Daß dieser erreicht ist, erkennt man sowohl an der Zusammensetzung selbst als auch an der Temperatur. Denn diese muß gemäß Annahme 5. in Abschnitt 7b in der Nähe des Siedepunktes des Einsatzgemisches liegen. Es ist nun zu beachten, daß die Flüssigkeitsmenge auf dem Eintrittsboden um die Zulaufmenge größer ist; dementsprechend muß man dies beim Frakturdruck berücksichtigen, wie dies Zahlentafel 9 zeigt.

Zahlentafel 9. *Berechnung des Gleichgewichtes auf dem Eintrittsboden (zehnter Boden).*

10. Boden (Eintritt)   Tauzustand $P = 5,0$ ata $v = 2,0$ $z = 3,66$

$$P\,\frac{v+z}{v+1} = 5,0\ \frac{5,66}{3,0} = \pi = 9,42\ \text{ata}$$

$t_a \triangleq \sigma$ °C	d_{10} mol	140° C p ata	140° C $f = \dfrac{d \cdot \pi}{p}$	150° C p ata	150° C $f = \dfrac{d \cdot \pi}{p}$	152° C p ata	152° C $f = \dfrac{d \cdot \pi}{p}$	154° C p ata	154° C $f = \dfrac{d \cdot \pi}{p}$	152,2° C p ata	152,2° C $f_{10} = \dfrac{d \cdot \pi}{p}$
0	$2,06_2$	29,7	$0,65_4$	34,6	$0,56_2$	35,6	$0,54_6$	36,7	$0,53_0$		$0,54_4$
20	9,08	19,6	4,36	23,1	3,70	23,8	3,59	24,5	3,48		$3,57_7$
40	17,69	12,3	13,55	14,7	11,34	15,2	10,98	15,72	10,62		10,95
60	31,22	7,5	39,20	9,2	32,00	9,58	30,70	9,96	29,50		30,59
80	28,22	4,6	57,90	5,8	45,90	6,04	44,00	6,28	42,30		43,84
100	18,35	2,70	64,00	3,45	50,00	3,63	47,60	3,81	45,40		47,40
120	$6,07_4$	1,71	33,40	2,12	27,00	2,24	25,50	2,36	24,25		25,38
140	5,35	1,00	50,40	1,30	38,80	1,366	36,80	1,434	35,10		36,64
160	1,40	0,58	22,75	0,76	17,38	0,800	16,50	0,844	15,64		15,11
180	0,50	0,33	14,27	0,44	10,70	0,466	10,10	0,494	9,53		10,05
200	$0,05_5$	0,187	2,77	0,255	2,06	0,268	$1,93_5$	0,285	1,82		$1,92_2$
$D_{10} =$ 120,00		$F = 303,25$		$F = 239,44$		$F = 228,15$		$F = 208,17$		$F_{10} = 226,00$	

In Zahlentafel 7 unten sind die so gewonnenen Werte eingetragen. Die Werte in der sechsten Zeile können jetzt jedoch nicht mit d_{11} bezeichnet werden, weil die gebildeten Differenzen $m_{10} - f_9$ auch die Beträge z enthalten. Diese sind zum Vergleich gegenübergestellt. Es hat sich jedoch gezeigt, daß es keinen Zweck hat, durch Subtraktion die Werte d_{11} berechnen zu wollen, was bereits erwähnt wurde.

Deshalb muß man anschließend genau so wie vom Kopf der Kolonne auch vom Sumpf zu rechnen beginnen und sehen, wie weit die für den Eintrittsboden ermittelten Zusammensetzungen übereinstimmen. In analoger Weise wie vorbeschrieben berechnet man zunächst die Verhältnisse im Umlaufverdampfer, dann die auf dem untersten Boden, der mit n bezeichnet ist, hierauf auf dem folgenden Boden usw. bis zum Eintrittsboden. Dies ist in den Zahlentafeln 10 bis 13 erläutert. Man muß hier nur den

Zahlentafel 10. *Berechnung der Tautemperatur des Sumpfproduktes im Umlaufverdampfer.*

Umlaufverdampfer   Tauzustand $P = \pi = 5,0$ ata

$t_a \triangleq \sigma$ °C	$d_{n+1} = f^* - s$ mol	200° C p ata	200° C $f = \dfrac{d \cdot \pi}{p}$	210° C p ata	210° C $f = \dfrac{d \cdot \pi}{p}$	206° C p ata	206° C $f = \dfrac{d \cdot \pi}{p}$	208° C p ata	208° C $f = \dfrac{d \cdot \pi}{p}$	207,6° C p ata	207,6° C $f = \dfrac{d \cdot \pi}{p}$
40	$0,02_8$	31,15	$0,00_4$	35,75	$0,00_4$	33,88	$0,00_4$	34,81	$0,00_4$		$0,00_4$
60	3,04	20,95	$0,72_4$	23,95	$0,63_4$	22,70	$0,66_8$	23,32	$0,65_2$		$0,65_5$
80	20,01	14,25	7,03	16,60	6,03	15,65	6,39	16,12	6,20		6,24
100	27,46	9,35	14,68	11,15	12,32	10,40	13,20	10,77	12,75		12,84
120	16,50	6,00	13,77	7,15	11,55	6,66	12,40	6,90	11,95		12,04
140	27,51	3,90	35,30	4,70	29,30	4,35	31,60	4,52	30,45		30,66
160	13,75	2,50	27,50	3,10	22,20	2,85	24,12	2,97	23,15		23,34
180	9,64	1,60	30,20	1,97	24,50	1,81	26,60	1,89	25,50		25,71
200	$2,06_6$	1,00	10,33	1,28	8,07	1,165	8,87	1,222	8,43		8,51
$D_{n+1} = 120,00$		$F = 139,54$		$F = 114,61$		$F = 123,85$		$F = 119,09$		$F = 120,00$	

Zahlentafel 11. *Berechnung des Gleichgewichtes auf dem untersten Boden.*

n ter Boden Siedezustand $P = 5{,}0$ ata $v = 2{,}0$ $z = 3{,}66$

$$P\,\frac{v+z}{v+1} = 5{,}0\,\frac{5{,}66}{3{,}0} = \pi = 9{,}42 \text{ ata}$$

$t_a \triangleq \sigma$ °C	f_n^{*} mol	180° C		182° C		180,1° C	
		p ata	$d = \dfrac{f}{\pi}\cdot p$	p ata	$d = \dfrac{f}{\pi}\cdot p$	p ata	$d_n = \dfrac{f}{\pi}\cdot p$
40	$0{,}05_2$	23,25	$0{,}12_8$	23,95	$0{,}13_2$		$0{,}12_8$
60	5,71	15,60	9,45	16,07	9,74		9,46
80	37,64	10,10	40,30	10,47	41,90		40,35
100	51,73	6,50	35,70	6,74	37,00		35,75
120	31,09	4,14	13,23	4,34	14,33		13,27
140	51,83	2,65	14,40	2,77	15,25		14,43
160	25,91	1,61	4,42	1,686	4,64		4,43
180	18,15	1,00	1,93	1,060	2,04		1,93
200	3,89	0,602	$0{,}24_8$	0,635	$0{,}26_2$		$0{,}24_8$
$F_n^{*} = 226{,}00$		$D = 119{,}81$		$D = 125{,}20$		$D_n = 120{,}00$	

umgekehrten Weg einschlagen, indem man zu den Flüssigkeitsmengen F die durch
den Siedezustand gegebenen Dampfzusammensetzungen berechnet. Dementsprechend
empfiehlt es sich auch, so wie dies in Abb. 18 gezeigt ist, die Flüssigkeitszusammensetzungen anschließend an die durch Abb. 16 gegebene Zusammensetzung des vom

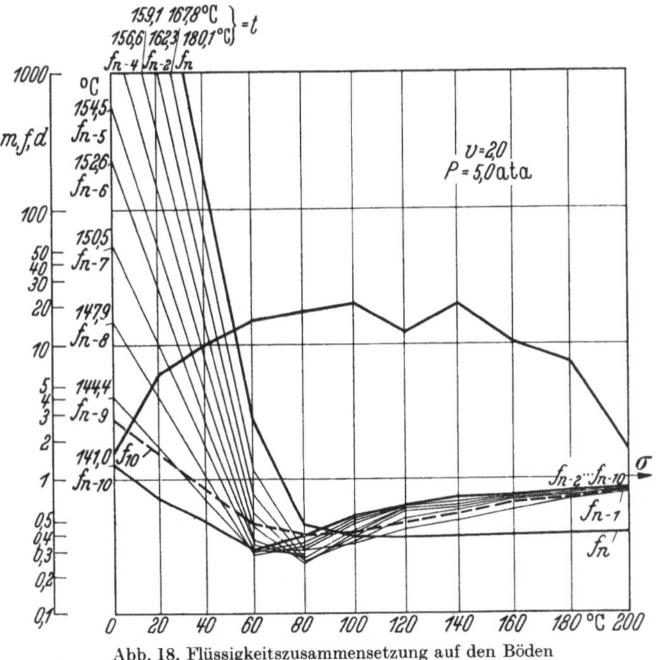

Abb. 18. Flüssigkeitszusammensetzung auf den Böden
der Abtriebssäule bis zum Eintrittsboden.
(Es können hier bei f_n usw. die Sternchen entbehrt werden.)

letzten Boden ablaufenden Flüssigkeitsgemisches aufzutragen. Auch hier macht man
bei der Abschätzung der auf höheren Böden hinzukommenden Komponenten davon

Gebrauch, ihre Anteile durch einen geraden Verlauf der Linien für die Zusammensetzung zu ermitteln.

Der in Zahlentafel 10 berechnete Taupunkt des Sumpfproduktes bestimmt die Temperatur, bei der die Umlaufmenge vollständig verdampft ist. Man kann statt des Umlaufverdampfers auch einen Aufkocher oder eine Einrichtung zur Wärmezufuhr im Sumpfe selbst, z. B. eine Dampfschlange vorsehen, wie dies in der Erdölindustrie oft der Fall ist. Ein solcher Aufkocher muß dann rechnerisch wie ein Boden behandelt werden. Denn die ausdampfende Menge hat eine andere Zusammensetzung als die Flüssigkeit und kann ebenfalls als mit ihr im Gleichgewicht stehend betrachtet werden. In Abb. 19 ist schematisch dargestellt, welche Mengen in einem solchen Falle in die Rechnung einzusetzen sind. Es ist dabei angenommen, daß der Aufkocher statt des untersten Kolonnenbodens verwendet wird. Die Bedeutung der Formelzeichen ist identisch mit den in Abb. 13 rechts eingetragenen, so daß auch hier die Beziehung

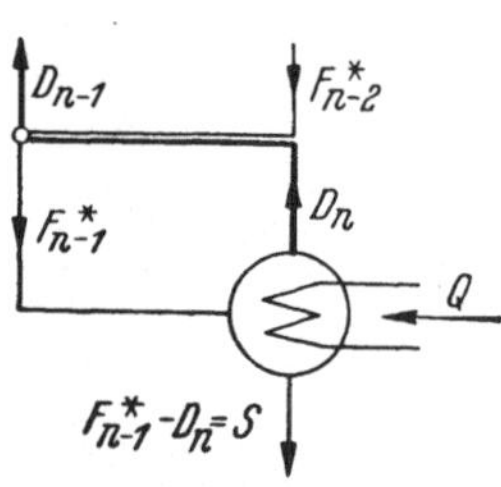

Abb. 19. Stoffluß bei Verwendung eines Aufkochers.

$$S = F^* - D = 226 - 120 = 106 \text{ mol}$$

gilt. Statt nach Zahlentafel 11 und 12 müßte man mit einem entsprechend geänderten π-Wert die Zusammensetzung der mit dem Sumpfprodukt S im Gleichgewicht stehenden Dampfmenge D_n berechnen, für die sich jedoch genau dieselben Werte ergeben wie nach Zahlentafel 11. In der Mengenbilanz nach Zahlentafel 12 erhält man dann einfach durch Summierung der Werte von s und d_n die Größen f_{n-1}^* mit den gleichen Beträgen wie dort. Davon kann man sich leicht überzeugen, wenn man die Werte aus Zahlentafel 4 einsetzt.

In Abb. 17 ist außer den Linien für d die Linie der Zusammensetzung der Flüssigkeit f_{10} eingetragen, die mit einem Dampf von der Zusammensetzung d_{10} im Gleichgewicht steht und in Zahlentafel 9 berechnet wurde. Außerdem ist die Linie f_{n-10}

Zahlentafel 12.   *Mengenbilanzen der beiden untersten Böden der Abtriebssäule.*

n ter Boden, 180,1° C

$t_a \triangleq \sigma$	20	40	60	80	100	120	140	160	180	200	Σ
$f_n^* = \dfrac{226}{106}\,s$		$0{,}05_2$	5,71	37,64	51,73	31,09	51,83	25,91	18,15	3,89	226,0
$+\,d_n$		$0{,}12_8$	9,46	40,35	35,75	13,27	14,43	4,43	1,93	$0{,}24_8$	120,0
m_n		0,18	15,17	77,99	87,48	44,36	66.26	30,34	20,03	$4{,}13_8$	346,0
$-\left(d_{n+1} = \dfrac{120}{106}\,s\right)$		$0{,}02_2$	3,04	20,01	27,46	16,50	27,51	13,75	9,64	$2{,}06_6$	120,0
f_{n-1}^*		$0{,}15_2$	12,13	57,98	60,02	27,86	38,75	16,59	10,44	$2{,}07_2$	226,0

$(n-1)$ ter Boden, 167,8° C

$t_a \triangleq \sigma$	20	40	60	80	100	120	140	160	180	200	Σ
f_{n-1}^*		$0{,}15_2$	12,13	57,98	60,02	27,86	38,75	16,59	10,44	$2{,}07_2$	226,0
$+\,d_{n-1}$		$0{,}31_3$	16,50	49,46	33,00	9,52	8,13	2,17	$0{,}80_9$	$0{,}09_5$	120,0
m_{n-1}		$0{,}46_5$	28,63	107,44	93,02	37,39	46,88	18,76	$11{,}24_9$	$2{,}16_7$	346,0
$-\,d_n$		$0{,}12_8$	9,46	40,35	35,75	13,27	14,43	4,43	1,93	$0{,}24_8$	120,0
f_{n-2}^*		$0{,}33_7$	19,17	67,09	57,27	24,12	32,45	14,43	$9{,}31_9$	$1{,}91_9$	226,0
korr.	$0{,}00_6$			67,08							

aus der Abb. 18 zu übertragen. Die Abweichungen der beiden Linien voneinander, die sich auch in Unterschieden der berechneten zugehörigen Temperaturen auswirken, müssen nun durch Änderung der Annahme für v, unter Umständen auch durch Änderung der Zusammensetzung für das zu erzielende Produkt soweit als möglich verringert werden. Auch im McCabe-Thiele-Diagramm enden die Treppenlinien nicht in einem Punkte der Gleichgewichtslinie, wenn man von x_k und von x_s ausgeht.

Zahlentafel 13. *Berechnung des Gleichgewichtes auf dem $(n-1)$ ten Boden*

$(n-1)$ter Boden   Siedezustand $P = 5,0$ ata $v = 2,0$ $z = 3,66$

$$P\frac{v+z}{v+1} = 5,0\,\frac{5,66}{3,0} = \pi = 9,42 \text{ ata}$$

| $t_a \hat{=} \sigma$ | f^{*}_{n-1} | 160° C | | 170° C | | 166° C | | 168° C | | 167,8° C | |
$°C$	mol	p ata	$d = \frac{f}{\pi}\cdot p$	p ata	$d = \frac{f}{\pi}\cdot p$	p ata	$d = \frac{f}{\pi}\cdot p$	p ata	$d = \frac{f}{\pi}\cdot p$	p ata	$d_{n-1} = \frac{f}{\pi}\cdot p$
40	$0,15_2$	17,25	$0,27_8$	20,05	$0,32_3$	18,90	$0,30_5$	19,47	$0,31_4$		$0,31_3$
60	12,13	11,10	14,28	13,30	17,10	12,39	15,95	12,84	16,55		16,50
80	57,98	7,00	43,10	8,40	51,60	7,79	47,85	8,09	49,60		49,46
100	60,02	4,39	28,00	5,40	34,40	4,99	31,80	5,19	33,10		33,00
120	27,87	2,72	8,02	3,35	9,92	3,09	9,16	3,22	9,55		9,52
140	38,75	1,650	6,78	2,08	8,30	1,906	7,82	1,986	8,16		8,13
160	16,59	1,000	1,76	1,30	2,29	1,180	2,08	1,240	2,18		2,17
180	10,44	0,590	$0,65_5$	0,77	$0,85_4$	0,695	$0,77_1$	0,732	$0,81_2$		$0,80_9$
200	$2,07_2$	0,342	$0,07_5$	0,457	$0,10_1$	0,408	$0,09_0$	0,432	$0,09_5$		$0,09_5$
$F^{*}_{n-1} = 226,00$		$D = 102,95$		$D = 124,99$		$D = 115,83$		$D = 120,36$		$D_{n-1} = 120,00$	

Daß sich durch die vorliegende Rechnung sowohl für die Verstärkungssäule als auch für die Abtriebssäule die gleiche Zahl von je 10 Böden ergibt, ist nur ein Zufall. Dies dürfte vor allem durch die Annahmen für das Kopfprodukt verursacht sein. Eine Nachrechnung mit den Rücklaufverhältnissen $v = 1,4$ und $1,0$ ergab, daß die Zahl der theoretischen Böden für die Verstärkungssäule auf 11 bzw. 13 zunimmt. Dabei deutet die Zusammensetzung auf dem Einlaufboden, die man bei $v = 1,0$ erhält, darauf hin, daß die Unterschiede zwischen den bei der Rechnung von oben und von unten erhaltenen Ergebnissen wieder größer werden. Dies würde heißen, daß das passende Rücklaufverhältnis für eine den Annahmen entsprechende Fraktionierung zwischen 1 und 2 läge.

Es würde zu weit führen, diese Rechnungen in allen Einzelheiten zu diskutieren, zumal es sich nur um ein Beispiel mit willkürlich gewählten Annahmen handelt. Jedoch dürfte aus den Erläuterungen hervorgehen, wie man nach dem vorgeschlagenen Verfahren zu rechnen hat.

f) Vergleich des Ergebnisses mit einer Berechnung mit Hilfe von Schlüsselkomponenten.

Es mag jedoch nicht uninteressant sein, das hier gewonnene Ergebnis wenigstens mit dem zu vergleichen, das man bei der üblichen Berechnung mit Hilfe von Schlüsselkomponenten erhält. Entsprechend der Bedeutung der Schlüsselkomponente, wie sie in der Einleitung erläutert ist, ergibt sich aus Abb. 16, Seite 36, daß hier die Komponenten mit den Siedepunkten von 60° C und von 80° C bei 1 ata zu wählen sind.

Dies läßt bereits erkennen, daß dieser Wahl eine gewisse Willkür anhaftet, die mit der ursprünglichen Einteilung des Gemisches in Komponenten mit Siedepunktsschritten von 20° zusammenhängt. Trotzdem soll der Vergleich durchgeführt werden, weil er aufschlußreich ist und die Unterschiede der Verfahren erkennen läßt.

Zu diesem Zweck ist zunächst in Zahlentafel 14 die Gleichgewichtskurve für einen Druck von $P = 5$ ata in der üblichen Weise mit Hilfe der Raoultschen Gleichung berechnet. Dabei können wiederum die in Zahlentafel 15 im Anhang enthaltenen Angaben für die Dampfdrücke gut benutzt werden. Die Gleichgewichtskurve selbst ist in Abb. 20 aufgetragen. Die erforderlichen Angaben für den Entwurf des McCabe-Thiele-Diagramms erhält man auf folgende Weise:

Kennzeichnet man die Werte für die beiden Schlüsselkomponenten einfach durch die Zahlen 60 und 80 als Indizes, so folgt im Zusammenhang mit Zahlentafel 4, wenn man die höher bzw. niedriger siedenden Komponenten zu den entsprechenden Schlüsselkomponenten hinzuzählt, daß der Molenanteil x_{60} des Leichtersiedenden im Kopfprodukt gleich ist

$$x_k = 1 - \frac{2{,}48 + 0{,}04}{32{,}80} = 0{,}923\,,$$

indem man die Konzentration x_{80} der höher siedenden Schlüsselkomponente von 1 abzieht. In gleicher Weise erhält man für den Molenanteil x_{60} der niedriger siedenden Schlüsselkomponente im Sumpfprodukt

$$x_s = \frac{2{,}20 + 0{,}02}{87{,}20} = 0{,}025\,.$$

Den Molenbruch für das Eintrittsgemisch kann man bei dieser Berechnung dem Anteil des Kopfproduktes gleichsetzen und erhält damit

$$x_m = \frac{32{,}80}{120{,}00} = 0{,}273\,.$$

Versucht man mit diesen Werten die erforderliche theoretische Bodenzahl zu ermitteln, so stellt man erstens einmal fest, daß nach dem McCabe-Thiele-Diagramm der Wert von $v = 2{,}0$ für das Rücklaufverhältnis unter dem minimalen Rück-

Zahlentafel 14. *Berechnung der Gleichgewichtskurve für die beiden Schlüsselkomponenten mit 60° C und 80° C Siedepunkt bei 1 ata für einen Druck $P = 5$ ata.*

t °C	p_{60} ata	p_{80} ata	$P - p_{80}$ ata	$p_{60} - p_{80}$ ata	$x_{60} = \dfrac{P - p_{80}}{p_{60} - p_{80}}$	$p_{60} \cdot x_{60}$	$y_{60} = \dfrac{p_{60} \cdot x_{60}}{P}$
122	5,04	3,09	1,91	1,95	0,978	4,93	0,986
124	5,29	3,23	1,77	2,06	0,858	4,54	0,908
126	5,55	3,37	1,63	2,18	0,747	4,15	0,830
128	5,82	3,51	1,49	2,31	0,644	3,75	0,750
130	6,10	3,65	1,35	2,45	0,551	3,36	0,672
132	6,38	3,80	1,20	2,58	0,465	2,97	0,594
134	6,66	3,97	1,03	2,69	0,383	2,55	0,510
136	6,94	4,16	0,84	2,78	0,302	2,10	0,420
138	7,22	4,37	0,63	2,85	0,221	1,60	0,320
140	7,50	4,60	0,40	2,90	0,138	1,04	0,208
142	7,80	4,84	0,16	2,96	0,054	0,42	0,084

laufverhältnis liegt. Dieses ergibt sich zu etwa $v = 4{,}75$. Durch Probieren findet man, daß zehn theoretische Böden in der Verstärkungssäule bei einem Rücklaufverhältnis von etwa 7,40 erforderlich wären. In diesem Fall sind aber für die Abtriebssäule vier-

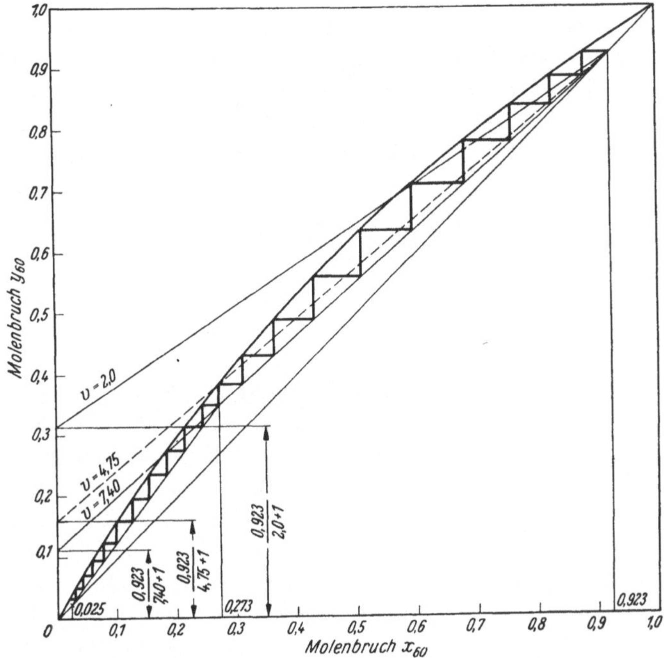

Abb. 20. Gleichgewichtskurve und McCabe-Thiele-Diagramm
für die Schlüsselkomponenten des zu trennenden Gemisches.

zehn theoretische Böden notwendig. Insofern ist die Übereinstimmung zwischen dem Ergebnis der Rechnung nach McCabe-Thiele und nach dem hier vorgeschlagenen Verfahren befriedigend.

Die erheblichen Unterschiede der Rücklaufverhältnisse lassen jedoch erkennen, daß man mit Hilfe der Schlüsselkomponenten die Trennaufgabe bei Vielstoffgemischen nur sehr grob festlegt. Man erhält so eine Erklärung für die bekannte Tatsache, daß man im Betrieb im allgemeinen mit einem ähnlich niedrigen Rücklaufverhältnis fährt, wie es hier der dargelegten Rechnung zugrunde gelegt wurde. Es ist wesentlich kleiner, als man es anzunehmen gezwungen ist, um bei der Rechnung mit Schlüsselkomponenten ausführbare Bodenzahlen zu erhalten.

8. Ausblick auf weitere Anwendungsmöglichkeiten.

Obwohl die hier unterbreiteten Vorschläge nur einen ersten Schritt auf dem Wege zur angestrebten Lösung des Problems bedeuten, erschien es vertretbar, sie in der vorliegenden Form mitzuteilen. Denn die Entwicklung weiterer Anwendungsmöglichkeiten erfordert einen Zeitaufwand, der von einem einzelnen kaum geleistet werden kann, es sei denn, er hat die Möglichkeit, sich längere Zeit ausschließlich dieser Aufgabe zu widmen. Aber auch dann erscheint es empfehlenswert, daß sich mehrere interessierte Stellen mit dem hier dargelegten Problem befassen und die gewonnenen

Ergebnisse mit den Erfahrungen aus ihren Betrieben vergleichen. Denn nur wenn Übereinstimmung zwischen diesen und den Rechenergebnissen erzielt wird, haben die Vorschläge Aussicht auf weitergehende Anwendung. Um diese Mitarbeit möglichst bald zu erreichen, empfahl sich eine Veröffentlichung der bisher gewonnenen Ergebnisse in dem hier mitgeteilten Umfang. Die Grundzüge des Verfahrens dürften damit ausreichend dargelegt sein. Mit den im Anhang abgedruckten Zahlentafeln sind auch die dazu nötigen Hilfsmittel an die Hand gegeben.

Es wird vor allem angestrebt werden müssen, die in Abschnitt 7 b aufgestellten einschränkenden Annahmen fallen zu lassen. Dazu ist im einzelnen folgendes zu bemerken:

Zu 1. Die Berücksichtigung von Seitenströmen ist offenbar unschwer möglich, weil von Boden zu Boden eine vollständige Mengenbilanz aufgestellt wird, in der die durch Seitenströme veranlaßten Änderungen der Menge berücksichtigt werden können. Selbstverständlich wird sich das auch auf die Größe des in die Gleichgewichtsrechnung einzusetzenden Frakturdruckes auswirken.

Außerdem muß die Berechnung gemäß Zahlentafel 4, Seite 37 sinngemäß geändert werden. Es ist z. B. bei gewünschter Zusammensetzung des Kopfproduktes nicht sofort möglich, die Zusammensetzung der übrigen Produkte anzugeben; vielmehr folgt dies erst im Laufe der Rechnung aus den auf den einzelnen Böden sich einstellenden Flüssigkeitszusammensetzungen. Sollen auch unterhalb des Eintrittsbodens Seitenströme abgenommen werden, so ist in einem solchen Falle die Zusammensetzung des Sumpfproduktes in gewissen Grenzen wählbar, die durch die auf dem Eintrittsboden herrschenden Verhältnisse gegeben sind. Die diesbezügliche Annahme muß aber bei der Berechnung der Abtriebssäule durch die Mengenbilanz als zulässig nachgewiesen werden.

Zu 2. Die Annahme einsinnigen Temperaturverlaufes ist erfüllt, solange nur Kohlenwasserstoffe oder sonstige einheitliche Stoffe destilliert werden. Wendet man jedoch Strippdampf an, was sehr häufig der Fall ist, so muß der Teildruck des Wasserdampfes vom Gesamtdruck abgezogen werden. Dabei erhält man im allgemeinen wegen der Temperaturänderung auf jedem Boden andere Werte des Frakturdruckes π ähnlich wie unter 7. Diesbezügliche Untersuchungen mit Hilfe des hier vorgeschlagenen Verfahrens wurden noch nicht durchgeführt.

Ähnliche Aufgaben treten bei der Fraktionierung von sehr tief siedenden Gemischen aus Hydrier- und ähnlichen Prozessen auf, bei denen sich Wasserstoff und die niedrigsten Glieder der Methanreihe fast wie permanente Gase verhalten, jedoch zum Unterschied vom Wasserdampf löslich sind. Indessen handelt es sich in diesem Falle meist nur um eine beschränkte und übersehbare Anzahl von Komponenten. Die Berechnung nach bisher bekannt gewordenen Verfahren macht dann keine solchen Schwierigkeiten wie bei Vielstoffgemischen, doch kann man die Vorteile der Darstellung im lg m, σ-Diagramm auch in diesen Fällen ausnutzen. Die meisten der in Fußnote 3, Seite 1 genannten Arbeiten sind auf solche Aufgaben abgestellt.

Zu 3 und 4. Wärmeverluste sowie die Änderung der Verdampfungswärme wirken sich auf die Größe D aus. In diesem Fall kann D nicht mehr für die ganze Kolonne als gleichbleibend angenommen werden. Das Verfahren bietet jedoch ohne weiteres die Möglichkeit, Änderungen des Verhältnisses von D zu F von Boden zu Boden durch Änderung des Frakturdruckes sowie in den Mengenbilanzen zu berücksichtigen.

Zu 5. Auch eine Abweichung des Zustandes des zulaufenden Gemisches vom siedenden Zustand kann berücksichtigt werden. Es wird sich dann empfehlen, z. B. bei teilweiser Uerdampfung den Linienzug für das Einsatzgemisch hur für die Flüssigkeit einzutragen. Im übrigen müßten diese Verhältnisse näher untersucht werden.

Zu 6. Meistens wird der Rücklauf kalt auf den Kopf der Kolonne gegeben. Es muß daher ein Teil der Wärme des zum obersten Boden strömenden Dampfes dazu verwendet werden, den Rücklauf auf Siedetemperatur zu bringen, wodurch sich die Dampfmenge D_1 gegenüber D_2 verringert. Auch diese Tatsache und der dadurch hervorgerufene sog. innere Rückfluß sind bei einer Berechnung in gleicher Weise zu berücksichtigen, wie dies bei Aufhebung der Annahmen 3. oder 4. nötig wird.

Zu 7. Schließlich bedeutet es keine grundsätzlichen Schwierigkeiten, erforderlichenfalls auch den Druckabfall in der Kolonne in die Rechnung einzuführen, indem man den Betriebsdruck P von Boden zu Boden ändert und dies bei der Bestimmung des Frakturdruckes π beachtet.

Wenn diese Aufgaben gelöst sind, ist die Anwendbarkeit des vorgeschlagenen Berechnungsverfahrens für Vielstoffgemische gegenüber der des McCabe-Thiele-Verfahrens für Zweistoffgemische in einer Richtung — nämlich Anpassung an tatsächliche Betriebsverhältnisse — erheblich erweitert. Dabei ist zu bedenken, daß das McCabe-Thiele-Verfahren durch Aufhebung der einschränkenden Voraussetzungen viel von seiner Übersichtlichkeit verliert. Es ist dann nicht mehr so leicht zu handhaben, weil ihm ursprünglich fremde Überlegungen zu Hilfe genommen werden müssen. Doch sind sie vollkommen am Platze, wenn es gilt, die Rektifikation von Zweistoffgemischen mit nicht idealem Verhalten zu untersuchen.

Bei dem hier entwickelten, naturgemäß umständlicher zu handhabenden Berechnungsverfahren für Vielstoffgemische sind die vorstehend dargelegten Erweiterungsmöglichkeiten keineswegs systemwidrig. Ja es drängt sich förmlich der Gedanke auf, z. B. die nicht immer vernachlässigbare Änderung der Verdampfungswärme in die Rechnung einzuführen. Dazu bedarf es nur der Aufstellung einer Wärmebilanz für jeden Boden, wofür die Hilfsmittel in Zahlentafel 18 zur Verfügung stehen. Man bestimmt z. B. bei der Berechnung der Verstärkungssäule die für die Verdampfung auf dem betrachteten Boden erforderliche Wärmemenge, berechnet dann zunächst gemäß Zahlentafel 7, Seite 40, die Zusammensetzung des zuströmenden Dampfes und ermittelt dessen Verdampfungswärme. Daraus folgt, wie seine Menge abzuändern ist.

Dies macht es zwar nötig, auch die Menge der vom Boden abströmenden Flüssigkeit um denselben Gesamtbetrag zu ändern, und würde erfordern, die Gleichgewichtsberechnung für den Boden mit entsprechend geändertem π-Wert zu wiederholen. Eine Überprüfung an Hand des durchgerechneten Beispieles läßt aber vermuten, daß es auch in anderen Fällen zulässig sein dürfte, auf diese Wiederholung der Rechnung zu verzichten. Der Unterschied der auf die Mengeneinheit bezogenen Verdampfungswärme des Sumpf- und des Kopfproduktes beträgt bei dem Beispiel etwa 10%, so daß auf jeden Boden im Durchschnitt nur etwa 0,5% entfallen. Deshalb erscheint es überhaupt einfacher, diese Differenz entsprechend einer zunächst geschätzten gesamten Bodenzahl bei der Durchrechnung auf die einzelnen Böden gleichmäßig aufzuteilen und die verbleibende Differenz bei der Bestimmung der Verhältnisse auf dem Eintrittsboden auszugleichen. Wenn man sich einmal mit den Grundgedanken des vorgeschlagenen Berechnungsverfahrens vertraut gemacht hat, bereiten die dazu erforderlichen Überlegungen keine Schwierigkeiten.

Ob sich das vorgeschlagene Berechnungsverfahren auch für Gemische ausbauen läßt, die sich nicht ideal verhalten, kann vorläufig noch nicht übersehen werden, während die Anwendung auf solche Fälle beim McCabe-Thiele-Verfahren keine Schwierigkeiten bereitet. Es fehlen aber zur Zeit noch alle Möglichkeiten, ein vom idealen abweichendes Verhalten von Vielstoffgemischen anschaulich darzustellen. Solange dieser Mangel besteht, ist es müßig, weitergehende Betrachtungen im Zusammenhang mit den hier dargelegten Vorschlägen anzustellen. Deshalb wurde auch davon abgesehen zu prüfen, ob das Rechnen mit „Flüchtigkeiten" statt mit Drücken, mit Aktivitätskoeffizienten oder ähnlichen Hilfsbegriffen weiterführt; doch erscheint es nicht ausgeschlossen, daß auf diese Weise am ehesten eine Erweiterung der Anwendbarkeit auf nicht ideale Gemische zu erreichen ist. Dazu bedarf es aber offensichtlich noch umfangreicher experimenteller Untersuchungen und eingehender Überlegungen darüber, wie solche Hilfsgrößen in die Rechnung einzuführen sind, ohne daß die Möglichkeit der Verwendung von Tabellen und der graphischen Darstellung der Ergebnisse beeinträchtigt wird.

Zusammenfassend dürfte sich jedoch aus alledem ergeben, daß die Berechnung von Gleichgewichten nach Hoffmann ein geeignetes Mittel darstellt, praktische Aufgaben der Destillationstechnik zu lösen. Die Anwendung auf die Berechnung der Verhältnisse in einfachen Apparaten, wie z. B. die Berechnung von Kondensatortemperaturen bei Vielstoffgemischen u. ä., konnte im Zusammenhang gleich mitbehandelt werden. Außer dem Ausbau der Kolonnenberechnung gemäß obenstehenden Punkten wird eine Untersuchung von Siedeanalysen sowie eine Kombination mit der Berechnung der Wärmeinhalte, wie sie in Abschnitt 4c und 5f dargelegt ist, den Bedürfnissen der Praxis wohl am ehesten entgegenkommen. Daneben soll die Hilfe, die das Verfahren bei Betriebsuntersuchungen an Kolonnen bietet, nicht übersehen werden. Solche Untersuchungen werden ihrerseits durch Vergleich mit den rechnerisch gewonnenen Ergebnissen dazu beitragen, die Grundlagen des Verfahrens zu untermauern.

Anhang.

Appendix.

Zahlentafel 15. *Dampfdrücke p paraffinischer, durch den Siedepunkt t_a gekennzeichneter Kohlenwasserstoffe in ata.*[1]

$t_a \triangleq \sigma$ \ $t°\,C$	0	2	4	6	8	10	12	14	16	18	20
0	**1,000**	1,092	1,186	1,282	1,383	**1,488**	1,592	1,703	1,815	1,933	**2,055**
10	**0,691**	0,749	0,810	0,872	0,937	**1,000**	1,081	1,165	1,256	1,345	**1,439**
20	**0,453**	0,494	0,539	0,585	0,633	**0,684**	0,740	0,800	0,863	0,929	**1,000**
30	**0,302**	0,329	0,360	0,393	0,428	**0,464**	0,504	0,547	0,593	0,642	**0,692**
40	**0,200**	0,219	0,240	0,263	0,288	**0,314**	0,342	0,373	0,405	0,439	**0,476**
50	**0,1280**	0,1419	0,1570	0,1737	0,1913	**0,2100**	0,2295	0,2510	0,2734	0,2982	**0,3250**
60	**0,0859**	0,0952	0,1053	0,1164	0,1286	**0,1420**	0,1566	0,1724	0,1894	0,2076	**0,2271**
70	**0,0553**	0,0618	0,0688	0,0764	0,0846	**0,0935**	0,1031	0,1134	0,1245	0,1365	**0,1495**
80	**0,0364**	0,0405	0,0450	0,0499	0,0552	**0,0616**	0,0678	0,0746	0,0821	0,0903	**0,0993**
90	**0,0235**	0,0264	0,0296	0,0331	0,0370	**0,0413**	0,0460	0,0511	0,0566	0,0625	**0,0689**
100	**0,0139**	0,0158	0,0181	0,0205	0,0231	**0,0259**	0,0290	0,0324	0,0360	0,0398	**0,0440**
110	**0,0094**	0,0105	0,0119	0,0135	0,0152	**0,0170**	0,0192	0,0216	0,0241	0,0267	**0,0295**
120	**0,0059**	0,0066	0,0076	0,0086	0,0098	**0,0110**	0,0125	0,0141	0,0158	0,0176	**0,0194**
130	**0,00338**	0,00398	0,00464	0,00538	0,00616	**0,00699**	0,00791	0,00895	0,01008	0,01131	**0,0126**
140	**0,00227**	0,00257	0,00294	0,00337	0,00386	**0,00442**	0,00492	0,00556	0,00632	0,00720	**0,0082**
150	**0,00140**	0,00164	0,00190	0,00218	0,00249	**0,00283**	0,00320	0,00362	0,00412	0,00469	**0,0053**
160			0,00109	0,00126	0,00147	**0,00171**	0,00199	0,00231	0,00265	0,00301	**0,0034**
170						**0,00107**	0,00126	0,00146	0,00166	0,00188	**0,0021**
180									0,00103	0,00116	**0,0013**
190											
200											

[1] Wegen der geringfügigen Differenzen zwischen den in den Zahlentafeln 1 bis 14 benutzten p-Werten und den Angaben dieser Zahlentafel 15 siehe Seite 10/11.

Table 15. *Vapour Pressure p (ata) of Paraffin Hydrocarbons which are defined by their Boiling Points t_a at 1 ata (= 1 kg/cm² abs.).*[1]

$t_a \triangleq \sigma$	22	24	26	28	**30**	32	34	36	38	**40**	$t°$ C $/$ $t_a \triangleq \sigma$
0	2,193	2,338	2,490	2,656	**2,830**	3,002	3,185	3,378	3,588	**3,809**	0
10	1,540	1,651	1,768	1,889	**2,013**	2,150	2,294	2,440	2,592	**2,748**	10
20	1,075	1,155	1,241	1,327	**1,423**	1,521	1,621	1,731	1,844	**1,974**	20
30	0,746	0,805	0,868	0,933	**1,000**	1,073	1,151	1,232	1,315	**1,408**	30
40	0,513	0,555	0,600	0,648	**0,699**	0,756	0,814	0,875	0,936	**1,000**	40
50	0,3538	0,3846	0,4174	0,4523	**0,4983**	0,5284	0,5697	0,6132	0,6589	**0,7070**	50
60	0,2479	0,2700	0,2934	0,3182	**0,3444**	0,3720	0,4010	0,4315	0,4635	**0,4970**	60
70	0,1636	0,1788	0,1952	0,2128	**0,2317**	0,2519	0,2735	0,2965	0,3210	**0,3470**	70
80	0,1092	0,1200	0,1317	0,1444	**0,1580**	0,1727	0,1885	0,2054	0,2234	**0,2426**	80
90	0,0758	0,0832	0,0912	0,0998	**0,1091**	0,1191	0,1299	0,1415	0,1540	**0,1674**	90
100	0,0487	0,0540	0,0599	0,0662	**0,073**	0,0806	0,0888	0,0972	0,1059	**0,115**	100
110	0,0326	0,0362	0,0402	0,0425	**0,0491**	0,0526	0,0603	0,0663	0,0725	**0,0788**	110
120	0,0214	0,0238	0,0266	0,0296	**0,0329**	0,0366	0,0406	0,0448	0,0492	**0,0537**	120
130	0,01417	0,01593	0,01781	0,01979	**0,02191**	0,02423	0,02693	0,02984	0,03294	**0,03640**	130
140	0,00932	0,01048	0,01170	0,01302	**0,01453**	0,01627	0,01810	0,02005	0,02217	**0,02451**	140
150	0,00605	0,00685	0,00768	0,00857	**0,00956**	0 01064	0,01189	0,01323	0,01467	**0,01640**	150
160	0,00382	0,00430	0,00486	0,00552	**0,00623**	0,00703	0,00793	0,00886	0,00985	**0,01091**	160
170	0,00236	0,00268	0,00307	0,00351	**0,00402**	0,00458	0,00520	0,00585	0,00652	**0,00722**	170
180	0,00149	0,00172	0,00199	0,00228	**0,00263**	0,00301	0,00342	0,00386	0,00433	**0,00483**	180
190		0,00112	0,00128	0,00147	**0,00169**	0,00195	0,00223	0,00253	0,00283	**0,00315**	190
200					**0,00108**	0,00126	0,00144	0,00163	0,00184	**0,00205**	200

[1] A smaller preliminary table having been construed by the aid of an enlarged graph similar to fig. 3 page 5 was used for the values p in tables 1 to 14. After having finished the main part of this publication it seemed advisable to check and coordinate all values of vapour pressure. This counts for some differences in the values of table 15 and the values for vapour pressure used in the above-mentioned tables. The results thereby obtained have not been subjected to any essential variation.

Zahlentafel 15. *Dampfdrücke* (Fortsetzung).

$t_a \mathrel{\widehat{=}} \sigma$ \\ $t°$ C	40	42	44	46	48	50	52	54	56	58	60
0	3,809	4,030	4,265	4,510	4,760	5,017	5,300	5,585	5,880	6,182	6,490
10	2,748	2,913	3,095	3,280	3,470	3,671	3,880	4,091	4,320	4,554	4,810
20	1,974	2,110	2,230	2,365	2,505	2,673	2,815	2,990	3,165	3,350	3,547
30	1,408	1,500	1,598	1,705	1,818	1,936	2,057	2,186	2,320	2,451	2,604
40	1,000	1,064	1,142	1,223	1,307	1,395	1,489	1,587	1,689	1,796	1,902
50	0,707	0,760	0,817	0,876	0,940	1,000	1,075	1,152	1,233	1,317	1,402
60	0,497	0,537	0,579	0,622	0,667	0,714	0,766	0,853	0,880	0,939	1,000
70	0,347	0,377	0,408	0,440	0,474	0,507	0,546	0,588	0,631	0,677	0,720
80	0,2426	0,2630	0,2847	0,3078	0,3324	0,3586	0,3865	0,4162	0,4480	0,4812	0,5159
90	0,1674	0,1818	0,1973	0,2140	0,2320	0,2514	0,2708	0,2930	0,3167	0,3418	0,3678
100	0,1153	0,1253	0,1365	0,1490	0,1620	0,1760	0,1908	0,2070	0,2247	0,2430	0,2613
110	0,0788	0,0860	0,0941	0,1030	0,1124	0,1224	0,1327	0,1445	0,1570	0,1700	0,1845
120	0,0537	0,0590	0,0648	0,0710	0,0778	0,0848	0,0928	0,1014	0,1104	0,1200	0,1298
130	0,0364	0,0400	0,0441	0,0486	0,0533	0,0584	0,0640	0,0699	0,0763	0,0832	0,0907
140	0,0245	0,0272	0,0300	0,0332	0,0365	0,0400	0,0438	0,0482	0,0528	0,0582	0,0630
150	0,0164	0,0181	0,0200	0,0222	0,0246	0,0273	0,0300	0,0330	0,0364	0,0399	0,0437
160	0,0109	0,0121	0,0135	0,0152	0,0168	0,0185	0,0205	0,0227	0,0250	0,0275	0,0301
170	0,0072	0,0081	0,0091	0,01015	0,0113	0,0125	0,0139	0,0154	0,01705	0,0188	0,0207
180	0,00483	0,00538	0,00601	0,00673	0,00754	0,00841	0,00933	0,01040	0,01156	0,01278	0,0141
190	0,00315	0,00355	0,00399	0,00450	0,00504	0,00564	0,00628	0,00704	0,00786	0,00871	0,0096
200	0,00205	0,00231	0,00261	0,00294	0,00330	0,00370	0,00416	0,00467	0,00522	0,00580	0,0064
210	0,00133	0,00150	0,00170	0,00193	0,00219	0,00246	0,00279	0,00314	0,00352	0,00393	0,00435
220			0,00104	0,00125	0,00143	0,00161	0,00182	0,00206	0,00232	0,00260	0,00290
230						0,00105	0,00120	0,00136	0,00154	0,00174	0,00193
240									0,00100	0,00113	0,00127
250											
260											
270											

Table 15. *Vapour Pressure* (Continued).

$t_a \triangleq \sigma$	62	64	66	68	**70**	72	74	76	78	**80**	t° C $t_a \triangleq \sigma$
0	6,817	7,158	7,508	7,875	**8,255**	8,641	9,042	9,460	9,889	**10,330**	0
10	4,728	5,340	5,620	5,906	**6,192**	6,502	6,820	7,160	7,480	**7,839**	10
20	3,745	3,950	4,165	4,392	**4,623**	4,860	5,105	5,360	5,615	**5,920**	20
30	2,751	2,916	3,084	3,258	**3,435**	3,627	3,826	4,028	4,237	**4,451**	30
40	2,016	2,136	2,264	2,402	**2,541**	2,694	2,846	3,004	3,166	**3,331**	40
50	1,489	1,580	1,674	1,772	**1,871**	1,986	2,104	2,225	2,352	**2,482**	50
60	1,071	1,180	1,218	1,295	**1,371**	1,461	1,551	1,645	1,741	**1,841**	60
70	0,774	0,828	0,885	0,943	**1,000**	1,069	1,139	1,210	1,284	**1,360**	70
80	0,5508	0,590	0,6328	0,6787	**0,7264**	0,7780	0,8315	0,8863	0,9425	**1,000**	80
90	0,3965	0,4270	0,4587	0,4910	**0,5249**	0,5630	0,6032	0,6450	0,6870	**0,7308**	90
100	0,2833	0,3060	0,3300	0,3540	**0,3781**	0,4070	0,4380	0,4702	0,5034	**0,5382**	100
110	0,1993	0,2157	0,2330	0,2513	**0,2707**	0,2902	0,3110	0,3327	0,3556	**0,3801**	110
120	0,1412	0,1533	0,1663	0,1798	**0,1936**	0,2090	0,2258	0,2430	0,2608	**0,2805**	120
130	0,0979	0,1065	0,1162	0,1265	**0,1373**	0,1495	0,1618	0,1746	0,1877	**0,2014**	130
140	0,0687	0,0751	0,0818	0,0894	**0,0968**	0,1051	0,1137	0,1225	0,1315	**0,1447**	140
150	0,0478	0,0523	0,0573	0,0625	**0,0680**	0,0744	0,0810	0,0878	0,0948	**0,1023**	150
160	0,0332	0,0365	0,0401	0,0438	**0,0476**	0,0518	0,0555	0,0617	0,0671	**0,0729**	160
170	0,0227	0,0249	0,0274	0,0301	**0,03314**	0,03645	0,0399	0,0435	0,04725	**0,0515**	170
180	0,01552	0,01714	0,01892	0,02082	**0,02291**	0,02513	0,02763	0,03032	0,03312	**0,0362**	180
190	0,01057	0,01170	0,01296	0,01432	**0,01583**	0,01750	0,01998	0,02127	0,02325	**0,0253**	190
200	0,00707	0,00787	0,00875	0,00975	**0,01082**	0,01202	0,01334	0,01471	0,01613	**0,0176**	200
210	0,00483	0,00539	0,00601	0,00669	**0,00742**	0,00827	0,00919	0,01015	0,01114	**0,0122**	210
220	0,00324	0,00363	0,00406	0,00454	**0,00504**	0,00565	0,00598	0,00663	0,00768	**0,0084**	220
230	0,00214	0,00240	0,00270	0,00304	**0,00340**	0,00384	0,00429	0,00476	0,00527	**0,00578**	230
240	0,00141	0,00158	0,00178	0,00202	**0,00228**	0,00258	0,00289	0,00323	0,00358	**0,00394**	240
250		0,00107	0,00121	0,00136	**0,00152**	0,00171	0,00193	0,00218	0,00244	**0,00267**	250
260					**0,00101**	0,00115	0,00133	0,00146	0,00163	**0,00180**	260
270									0,00104	**0,00119**	270

Anhang.

Zahlentafel 15. *Dampfdrücke* (Fortsetzung).

$t_a \cong \sigma$ \ $t°$ C	80	82	84	86	88	90	92	94	96	98	100
0	10,33	10,78	11,25	11,74	12,24	12,76	13,28	13,83	14,39	14,96	15,55
10	7,839	8,18	8,56	8,96	9,37	9,787	10,205	10,64	11,10	11,56	12,042
20	5,920	6,210	6,516	6,830	7,140	7,468	7,815	8,170	8,535	8,90	9,284
30	4,451	4,685	4,923	5,170	5,419	5,676	5,932	6,209	6,505	6,801	7,129
40	3,331	3,510	3,695	3,889	4,089	4,296	4,512	4,736	4,975	5,203	5,451
50	2,482	2,620	2,770	2,920	3,080	3,237	3,410	3,585	3,765	3,955	4,151
60	1,841	1,902	2,066	2,184	2,305	2,428	2,562	2,702	2,845	2,993	3,148
70	1,360	1,444	1,533	1,626	1,719	1,814	1,919	2,030	2,144	2,260	2,378
80	1,000	1,061	1,129	1,200	1,274	1,349	1,428	1,511	1,600	1,693	1,788
90	0,731	0,781	0,832	0,886	0,942	1,000	1,064	1,128	1,196	1,265	1,339
100	0,538	0,574	0,613	0,653	0,695	0,738	0,786	0,836	0,889	0,944	1,000
110	0,380	0,411	0,442	0,474	0,508	0,542	0,579	0,618	0,658	0,701	0,743
120	0,281	0,300	0,321	0,3442	0,370	0,3968	0,4236	0,4522	0,4840	0,5162	0,5502
130	0,2014	0,2160	0,2330	0,2501	0,2697	0,2889	0,3102	0,3330	0,3570	0,3812	0,4053
140	0,1447	0,1530	0,1640	0,1760	0,1885	0,2026	0,2180	0,2350	0,2545	0,2750	0,2977
150	0,1023	0,1113	0,1209	0,1308	0,1410	0,1513	0,1634	0,1762	0,1896	0,2034	0,2175
160	0,0729	0,0787	0,0856	0,0928	0,1005	0,1087	0,1176	0,1270	0,1372	0,1475	0,1582
170	0,0515	0,0555	0,0605	0,0658	0,0717	0,0779	0,0845	0,0916	0,0991	0,1068	0,1148
180	0,0362	0,0380	0,0420	0,0462	0,0507	0,0555	0,0601	0,0673	0,0708	0,0768	0,0828
190	0,0253	0,0275	0,0300	0,0329	0,0360	0,0393	0,0429	0,0468	0,0508	0,0550	0,0594
200	0,0176	0,0193	0,0212	0,0233	0,0255	0,0278	0,0303	0,0330	0,0360	0,0392	0,0425
210	0,0122	0,0133	0,0147	0,0162	0,0178	0,0195	0,0214	0,0234	0,0255	0,0278	0,0303
220	0,0084	0,0093	0,0103	0,0113	0,0125	0,0137	0,0150	0,0165	0,0180	0,0197	0,0215
230	0,00578	0,00635	0,00705	0,00780	0,00860	0,00950	0,01045	0,0115	0,01265	0,01385	0,01513
240	0,00394	0,00430	0,00475	0,00530	0,00590	0,00657	0,00732	0,00810	0,00892	0,00977	0,01062
250	0,00267	0,00295	0,00328	0,00366	0,00409	0,00452	0,00503	0,00556	0,00615	0,00677	0,00741
260	0,00180	0,00201	0,00225	0,00252	0,00281	0,00312	0,00346	0,00382	0,00423	0,00467	0,00514
270	0,00119	0,00134	0,00151	0,00170	0,00190	0,00211	0,00236	0,00263	0,00292	0,00323	0,00355
280				0,00112	0,00126	0,00143	0,00159	0,00178	0,00199	0,00221	0,00244
290						0,00096	0,00108	0,00121	0,00136	0,00151	0,00167
300										0,00101	0,00113
310											
320											
330											

Table 15. *Vapour Pressure* (Continued).

$t_a \cong \sigma$	102	104	106	108	**110**	112	114	116	118	**120**	t° C / $t_a \cong \sigma$
0	16,15	16,76	17,40	18,05	**18,74**	19,40	20,12	20,84	21,58	**22,35**	0
10	12,53	13,05	13,57	14,10	**14,64**	15,20	15,78	16,38	16,99	**17,61**	10
20	9,69	10,10	10,523	10,96	**11,40**	11,85	12,34	12,82	13,32	**13,83**	20
30	7,450	7,781	8,121	8,360	**8,835**	9,196	9,560	9,932	10,317	**10,817**	30
40	5,707	5,975	6,249	6,530	**6,822**	7,120	7,431	7,752	8,082	**8,430**	40
50	4,360	4,580	4,796	5,015	**5,247**	5,490	5,765	5,995	6,265	**6,544**	50
60	3,309	3,474	3,648	3,830	**4,019**	4,212	4,411	4,620	4,836	**5,061**	60
70	2,508	2,639	2,776	2,918	**3,067**	3,227	3,392	3,557	3,728	**3,899**	70
80	1,891	1,995	2,103	2,216	**2,330**	2,456	2,585	2,718	2,853	**2,992**	80
90	1,424	1,512	1,605	1,700	**1,801**	1,895	1,990	2,088	2,188	**2,287**	90
100	1,059	1,123	1,189	1,259	**1,331**	1,406	1,486	1,569	1,653	**1,743**	100
110	0,790	0,841	0,893	0,946	**1,000**	1,060	1,122	1,181	1,253	**1,322**	110
120	0,5859	0,6230	0,6623	0,7005	**0,7485**	0,7960	0,8453	0,8960	0,9480	**1,000**	120
130	0,4330	0,4615	0,4930	0,5248	**0,5575**	0,5919	0,6288	0,6680	0,7100	**0,7532**	130
140	0,3175	0,3400	0,3640	0,3890	**0,4141**	0,4410	0,4695	0,5000	0,5320	**0,5654**	140
150	0,2336	0,2507	0,2683	0,2866	**0,3060**	0,3277	0,3497	0,3727	0,3970	**0,4223**	150
160	0,1696	0,1822	0,1957	0,2103	**0,2252**	0,2423	0,2595	0,2772	0,2953	**0,3143**	160
170	0,1229	0,1321	0,1425	0,1535	**0,1653**	0,1781	0,1913	0,2050	0,2188	**0,2332**	170
180	0,0892	0,0964	0,1040	0,1121	**0,1207**	0,1301	0,1403	0,1407	0,1613	**0,1722**	180
190	0,0643	0,0697	0,0755	0,0815	**0,0877**	0,0950	0,1027	0,1105	0,1185	**0,1265**	190
200	0,0462	0,0502	0,0545	0,0590	**0,0635**	0,0689	0,0744	0,0803	0,0864	**0,0927**	200
210	0,0329	0,0358	0,0389	0,0422	**0,0458**	0,0495	0,0537	0,0581	0,0627	**0,0676**	210
220	0,0233	0,0254	0,0277	0,0301	**0,0328**	0,0358	0,0389	0,0422	0,0455	**0,0491**	220
230	0,01635	0,01770	0,01915	0,02065	**0,02246**	0,02452	0,02685	0,02948	0,03225	**0,03548**	230
240	0,01150	0,01258	0,01382	0,01517	**0,01667**	0,01831	0,02004	0,02182	0,02363	**0,02553**	240
250	0,00812	0,00892	0,00980	0,01077	**0,01179**	0,01296	0,01421	0,01553	0,01688	**0,01828**	250
260	0,00560	0,00617	0,00682	0,00754	**0,00830**	0,00915	0,01007	0,01103	0,01200	**0,01302**	260
270	0,00388	0,00428	0,00474	0,00525	**0,00581**	0,00643	0,00708	0,00777	0,00848	**0,00923**	270
280	0,00269	0,00299	0,00331	0,00366	**0,00404**	0,00448	0,00495	0,00545	0,00597	**0,00651**	280
290	0,00185	0,00206	0,00228	0,00254	**0,00280**	0,00311	0,00346	0,00381	0,00414	**0,00457**	290
300	0,00125	0,00139	0,00156	0,00174	**0,00193**	0,00216	0,00240	0,00266	0,00292	**0,00319**	300
310			0,00105	0,00118	**0,00132**	0,00148	0,00166	0,00184	0,00202	**0,00221**	310
320						0,00102	0,00113	0,00126	0,00139	**0,00152**	320
330										**0,00104**	330

Anhang.

Zahlentafel 15. *Dampfdrücke* (Fortsetzung).

$t_n \triangleq \sigma$ / $t°\,C$	120	122	124	126	128	130	132	134	136	138	140
0	22,35	23,07	23,86	24,66	25,50	26,35	27,14	27,99	28,86	29,78	30,81
10	17,61	18,25	18,88	19,55	20,23	20,95	21,63	22,36	23,12	23,90	24,68
20	13,83	14,34	14,88	15,44	16,01	16,59	17,17	17,79	18,42	19,05	19,70
30	10,82	11,25	11,69	12,14	12,61	13,09	13,58	14,09	14,61	15,13	15,67
40	8,43	8,78	9,14	9,52	9,91	10,29	10,70	11,12	11,55	11,99	12,42
50	6,544	6,819	7,117	7,425	7,737	8,06	8,400	8,740	9,089	9,440	9,81
60	5,061	5,301	5,545	5,798	6,045	6,289	6,568	6,849	7,133	7,430	7,719
70	3,899	4,077	4,270	4,470	4,680	4,889	5,110	5,341	5,573	5,810	6,053
80	2,992	3,140	3,290	3,450	3,610	3,787	3,958	4,140	4,320	4,520	4,729
90	2,287	2,405	2,503	2,655	2,785	2,922	3,065	3,215	3,365	3,525	3,681
100	1,743	1,854	1,946	2,045	2,144	2,248	2,359	2,474	2,598	2,724	2,858
110	1,322	1,388	1,464	1,545	1,629	1,722	1,812	1,907	2,006	2,107	2,209
120	1,000	1,050	1,107	1,173	1,242	1,315	1,386	1,461	1,538	1,630	1,703
130	0,753	0,795	0,842	0,892	0,946	1,000	1,059	1,117	1,179	1,242	1,306
140	0,565	0,600	0,638	0,677	0,718	0,758	0,802	0,849	0,898	0,948	1,000
150	0,422	0,449	0,478	0,509	0,540	0,572	0,607	0,644	0,682	0,722	0,762
160	0,314	0,346	0,366	0,386	0,408	0,430	0,456	0,484	0,514	0,545	0,579
170	0,2332	0,2490	0,2655	0,2830	0,3020	0,3225	0,3430	0,3765	0,3883	0,4122	0,4380
180	0,1722	0,1840	0,1975	0,2113	0,2255	0,2407	0,2564	0,2740	0,2920	0,3108	0,3301
190	0,1265	0,1351	0,1450	0,1558	0,1672	0,1788	0,1916	0,2050	0,2186	0,2327	0,2477
200	0,0927	0,0996	0,1071	0,1150	0,1230	0,1324	0,1416	0,1516	0,1623	0,1735	0,1853
210	0,0676	0,0731	0,0788	0,0849	0,0912	0,09764	0,1047	0,1125	0,1206	0,1281	0,1381
220	0,0491	0,0525	0,0574	0,0617	0,0665	0,07166	0,0771	0,0830	0,0893	0,0957	0,1024
230	0,0355	0,0384	0,0416	0,0452	0,0489	0,05239	0,0568	0,0612	0,0658	0,0707	0,0757
240	0,0255	0,0277	0,0300	0,0324	0,0352	0,03813	0,0412	0,0445	0,0480	0,0517	0,0557
250	0,0183	0,0198	0,0215	0,0234	0,0254	0,02762	0,0296	0,0321	0,0347	0,0376	0,0407
260	0,01302	0,01425	0,01556	0,01698	0,01843	0,01991	0,02176	0,02354	0,02548	0,02752	0,02973
270	0,00923	0,01005	0,01102	0,01202	0,01317	0,01429	0,01555	0,01695	0,01832	0,01993	0,02158
280	0,00651	0,00715	0,00782	0,00860	0,00942	0,01021	0,01121	0,01229	0,01325	0,01385	0,01560
290	0,00457	0,00500	0,00549	0,00604	0,00662	0,00725	0,00794	0,00869	0,00948	0,01032	0,01121
300	0,00319	0,00350	0,00385	0,00425	0,00466	0,00513	0,00566	0,00622	0,00680	0,00741	0,00802
310	0,00221	0,00245	0,00271	0,00299	0,00329	0,00361	0,00386	0,00434	0,00477	0,00523	0,00570
320	0,00152	0,00166	0,00184	0,00204	0,00227	0,00252	0,00277	0,00305	0,00336	0,00368	0,00403
330	0,00104	0,00115	0,00128	0,00142	0,00158	0,00175	0,00194	0,00214	0,00235	0,00258	0,00283
340					0,00110	0,00121	0,00134	0,00148	0,00164	0,00180	0,00198
350							0,00103	0,00114	0,00126	0,00138	
360											
370											
380											

Table 15. *Vapour Pressure* (Continued).

$t_a \cong \sigma$	142	144	146	148	150	152	154	156	158	160	$t°C$ / $t_a \cong \sigma$
0	31,67	32,65	33,15	34,68	**35,72**	36,76	37,85	38,92	40,05	**41,10**	0
10	25,48	26,31	27,13	27,97	**28,83**	29,74	30,65	31,56	32,47	**33,40**	10
20	20,37	21,04	21,76	22,47	**23,19**	24,70	25,09	25,25	26,26	**27,06**	20
30	16,22	16,79	17,36	17,96	**18,59**	19,20	19,84	20,49	21,15	**21,85**	30
40	12,89	13,37	13,85	14,34	**14,85**	15,37	15,91	16,59	17,00	**17,58**	40
50	10,00	10,58	10,99	11,40	**11,82**	12,25	12,70	13,16	13,63	**14,10**	50
60	8,030	8,352	8,688	9,012	**9,375**	9,730	10,10	10,48	10,87	**11,27**	60
70	6,311	6,580	6,850	7,131	**7,411**	7,710	8,010	8,323	8,650	**8,977**	70
80	4,930	5,150	5,370	5,610	**5,838**	6,080	6,340	6,590	6,854	**7,127**	80
90	3,850	4,025	4,205	4,392	**4,582**	4,775	4,982	5,190	5,405	**5,639**	90
100	2,989	3,128	3,276	3,428	**3,588**	3,745	3,911	4,084	4,267	**4,451**	100
110	2,319	2,431	2,549	2,671	**2,797**	2,926	3,062	3,204	3,350	**3,498**	110
120	1,797	1,892	1,989	2,059	**2,192**	2,297	2,405	2,515	2,627	**2,742**	120
130	1,377	1,450	1,525	1,603	**1,684**	1,769	1,859	1,952	2,047	**2,141**	130
140	1,045	1,113	1,173	1,235	**1,300**	1,366	1,437	1,508	1,583	**1,662**	140
150	0,806	0,853	0,901	0,952	**1,000**	1,056	1,113	1,163	1,232	**1,293**	150
160	0,612	0,648	0,686	0,726	**0,7660**	0,812	0,858	0,903	0,952	**1,000**	160
170	0,4641	0,4930	0,5230	0,5535	**0,5854**	0,6172	0,6520	0,6899	0,7293	**0,7705**	170
180	0,3510	0,3740	0,3972	0,4210	**0,4454**	0,4735	0,5018	0,5309	0,5605	**0,5915**	180
190	0,2626	0,2781	0,2946	0,3113	**0,3285**	0,3464	0,3650	0,3840	0,4034	**0,4236**	190
200	0,1975	0,2108	0,2250	0,2397	**0,2549**	0,2715	0,2890	0,3020	0,3254	**0,3448**	200
210	0,1475	0,1577	0,1686	0,1801	**0,1918**	0,2054	0,2189	0,2330	0,2475	**0,2619**	210
220	0,1097	0,1175	0,1258	0,1346	**0,1437**	0,1520	0,1648	0,1757	0,1868	**0,1980**	220
230	0,0810	0,0869	0,0933	0,1002	**0,1072**	0,1151	0,1233	0,1319	0,1405	**0,1495**	230
240	0,0600	0,0645	0,0694	0,0745	**0,0797**	0,0859	0,0923	0,0987	0,1055	**0,1120**	240
250	0,0440	0,0475	0,0513	0,0552	**0,0590**	0,0635	0,0682	0,0731	0,0783	**0,0837**	250
260	0,0320	0,0348	0,0375	0,0404	**0,0435**	0,0470	0,0509	0,0549	0,0590	**0,0633**	260
270	0,02332	0,02515	0,02721	0,02940	**0,03189**	0,0342	0,0368	0,0397	0,0430	**0,0462**	270
280	0,01693	0,01832	0,01985	0,02150	**0,02329**	0,0252	0,0272	0,0294	0,0318	**0,0341**	280
290	0,01212	0,01315	0,01431	0,01556	**0,01693**	0,01840	0,01999	0,02160	0,02326	**0,02502**	290
300	0,00873	0,00952	0,01038	0,01132	**0,01225**	0,01340	0,01457	0,01578	0,01703	**0,01830**	300
310	0,00620	0,00677	0,00741	0,00809	**0,00881**	0,00965	0,01052	0,01143	0,01236	**0,01331**	310
320	0,00440	0,00483	0,00529	0,00578	**0,00630**	0,00690	0,00754	0,00821	0,00891	**0,00963**	320
330	0,00308	0,00338	0,00372	0,00409	**0,00448**	0,00494	0,00540	0,00590	0,00640	**0,00693**	330
340	0,00216	0,00238	0,00262	0,00288	**0,00317**	0,00349	0,00384	0,00419	0,00457	**0,00496**	340
350	0,00150	0,00164	0,00182	0,00202	**0,00223**	0,00247	0,00272	0,00298	0,00325	**0,00353**	350
360	0,00104	0,00115	0,00127	0,00141	**0,00156**	0,00173	0,00190	0,00209	0,00229	**0,00250**	360
370					**0,00108**	0,00120	0,00133	0,00146	0,00161	**0,00175**	370
380								0,00102	0,00112	**0,00122**	380

                                          Anhang.

Zahlentafel 15. *Dampfdrücke* (Fortsetzung).

$t_a \triangleq \sigma$ \ $t°\,C$	160	162	164	166	168	170	172	174	176	178	180
0	41,10	42,22	43,40	44,57	45,76	46,96	48,20	49,45	50,70	52,00	53,29
10	33,40	34,02	35,02	36,02	37,00	38,42	38,98	39,97	40,98	42,02	43,87
20	27,06	27,87	28,68	29,54	30,40	31,34	32,20	33,12	34,05	35,02	36,01
30	21,85	22,52	23,24	23,95	24,72	25,47	26,22	27,00	27,82	28,63	29,47
40	17,58	18,16	19,08	19,40	20,04	20,64	21,33	21,99	22,66	23,34	24,03
50	14,10	14,59	15,09	15,60	16,13	16,67	17,22	17,79	18,36	18,94	19,54
60	11,27	11,68	12,09	12,52	12,95	13,42	13,88	14,36	14,84	15,33	15,84
70	8,977	9,31	9,66	10,02	10,40	10,77	11,16	11,55	11,95	12,37	12,80
80	7,127	7,390	7,678	7,980	8,288	8,615	8,940	9,270	9,613	9,959	10,310
90	5,639	5,870	6,112	6,355	6,610	6,868	7,135	7,410	7,690	7,975	8,278
100	4,451	4,650	4,849	5,050	5,253	5,462	5,683	5,915	6,149	6,388	6,632
110	3,498	3,649	3,811	3,989	4,235	4,326	4,505	4,693	4,885	5,082	5,291
120	2,742	2,870	3,005	3,142	3,275	3,418	3,566	3,726	3,885	4,048	4,212
130	2,141	2,247	2,355	2,466	2,577	2,690	2,812	2,934	3,066	3,202	3,340
140	1,662	1,743	1,830	1,921	2,016	2,112	2,211	2,315	2,421	2,530	2,641
150	1,293	1,350	1,417	1,492	1,570	1,651	1,734	1,819	1,905	1,993	2,081
160	1,000	1,043	1,098	1,156	1,219	1,286	1,350	1,417	1,487	1,560	1,635
170	0,771	0,808	0,853	0,900	0,950	1,000	1,054	1,109	1,165	1,223	1,281
180	0,592	0,625	0,661	0,698	0,737	0,775	0,817	0,860	0,904	0,952	1,000
190	0,424	0,458	0,492	0,526	0,560	0,597	0,631	0,666	0,703	0,741	0,777
200	0,345	0,366	0,379	0,412	0,435	0,459	0,486	0,514	0,543	0,574	0,603
210	0,2619	0,2770	0,2943	0,3128	0,3320	0,3520	0,3728	0,3950	0,4180	0,4417	0,4659
220	0,1980	0,2103	0,2242	0,2390	0,2535	0,2686	0,2843	0,3012	0,3196	0,3390	0,3585
230	0,1495	0,1595	0,1700	0,1810	0,1924	0,2042	0,2173	0,2309	0,2450	0,2595	0,2750
240	0,1120	0,1197	0,1281	0,1366	0,1456	0,1547	0,1649	0,1756	0,1867	0,1985	0,2101
250	0,08371	0,0896	0,0910	0,1026	0,1097	0,1167	0,1246	0,1330	0,1416	0,1507	0,1600
260	0,06330	0,0683	0,0714	0,0766	0,0821	0,0877	0,0938	0,1003	0,1070	0,1140	0,1212
270	0,04617	0,0545	0,0565	0,0610	0,0657	0,06563	0,0752	0,0802	0,0857	0,0914	0,0977
280	0,03408	0,0366	0,0395	0,0424	0,0456	0,04891	0,0526	0,0565	0,0606	0,0646	0,0689
290	0,02502	0,0269	0,0289	0,0312	0,0340	0,03627	0,0389	0,0418	0,0449	0,0482	0,0516
300	0,01830	0,0197	0,0213	0,0230	0,0248	0,02680	0,0287	0,0308	0,0333	0,0357	0,0385
310	0,01331	0,0145	0,0157	0,0171	0,0185	0,01969	0,0214	0,0230	0,0248	0,0266	0,0285
320	0,00963	0,0104	0,0112	0,0122	0,0131	0,01439	0,0154	0,0166	0,0180	0,0194	0,0211
330	0,00693	0,00755	0,0082	0,0089	0,0097	0,01047	0,0114	0,0123	0,0133	0,0143	0,0155
340	0,00496	0,00538	0,00585	0,00640	0,00696	0,00757	0,00822	0,00893	0,00968	0,01047	0,01131
350	0,00353	0,00386	0,00422	0,00460	0,00503	0,00545	0,00595	0,00648	0,00704	0,00763	0,00823
360	0,00250	0,00272	0,00299	0,00326	0,00358	0,00390	0,00426	0,00465	0,00506	0,00550	0,00595
370	0,00175	0,00192	0,00211	0,00232	0,00254	0,00277	0,00303	0,00332	0,00362	0,00394	0,00428
380	0,00122	0,00134	0,00147	0,00162	0,00179	0,00196	0,00215	0,00236	0,00258	0,00281	0,00305
390			0,00103	0,00114	0,00126	0,00138	0,00151	0,00165	0,00181	0,00199	0,00217
400							0,00106	0,00116	0,00128	0,00140	0,00153

Table 15. *Vapour Pressure* (Continued).

$t_a \cong \sigma$	182	184	186	188	190	192	194	196	198	200	t° C / $t_a \cong \sigma$
0	54,62	55,96	57,32	58,70	**60,10**	61,54	63,00	64,45	65,92	**67,41**	0
10	44,24	45,38	46,60	47,87	**49,79**	50,40	51,74	53,13	54,52	**56,16**	10
20	37,03	38,08	39,10	40,18	**41,12**	42,30	43,37	44,45	45,55	**46,65**	20
30	30,30	31,16	32,03	32,93	**33,85**	34,77	35,70	36,65	37,63	**38,64**	30
40	24,75	25,49	26,24	27,00	**27,79**	28,56	29,36	30,20	31,02	**31,90**	40
50	20,15	20,77	21,41	22,07	**22,74**	23,41	24,09	24,79	25,52	**26,27**	50
60	16,35·	16,87	17,41	17,96	**18,55**	19,12	19,71	20,30	20,91	**21,56**	60
70	13,23	13,68	14,14	14,60	**15,09**	15,57	16,66	17,13	17,60	**17,65**	70
80	10,67	11,05	11,43	11,83	**12,23**	12,65	13,07	13,50	13,95	**14,40**	80
90	8,590	8,912	9,230	9,560	**9,893**	10,24	10,60	10,96	11,34	**11,72**	90
100	6,885	7,147	7,416	7,694	**7,979**	8,261	8,560	8,868	9,187	**9,516**	100
110	5,501	5,720	5,948	6,177	**6,412**	6,651	6,903	7,158	7,422	**7,697**	110
120	4,386	4,570	4,756	4,946	**5,140**	5,344	5,550	5,762	5,985	**6,212**	120
130	3,481	3,630	3,784	3,944	**4,105**	4,274	4,449	4,626	4,807	**4,995**	130
140	2,756	2,876	3,004	3,134	**3,270**	3,407	3,551	3,699	3,851	**4,006**	140
150	2,174	2,271	2,376	2,488	**2,596**	2,716	2,835	2,955	3,077	**3,203**	150
160	1,710	1,792	1,876	1,963	**2,054**	2,151	2,250	2,353	2,458	**2,553**	160
170	1,344	1,408	1,477	1,548	**1,622**	1,702	1,782	1,863	1,946	**2,030**	170
180	1,050	1,104	1,158	1,215	**1,275**	1,335	1,399	1,464	1,531	**1,608**	180
190	0,820	0,863	0,908	0,954	**1,000**	1,052	1,104	1,157	1,213	**1,270**	190
200	0,638	0,673	0,709	0,726	**0,7816**	0,825	0,868	0,911	0,956	**1,000**	200
210	0,4928	0,5205	0,5492	0,5787	**0,6086**	0,6407	0,6750	0,7140	0,7470	**0,7850**	210
220	0,3790	0,4013	0,4246	0,4483	**0,4722**	0,4998	0,5270	0,5553	0,5840	**0,6137**	220
230	0,2912	0,3088	0,3268	0,3460	**0,3652**	0,3859	0,4077	0,4306	0,4542	**0,4784**	230
240	0,2230	0,2369	0,2513	0,2662	**0,2814**	0,2981	0,3156	0,3338	0,3524	**0,3715**	240
250	0,1702	0,1807	0,1920	0,2040	**0,2160**	0,2296	0,2435	0,2578	0,2723	**0,2875**	250
260	0,1289	0,1373	0,1463	0,1557	**0,1651**	0,1759	0,1870	0,1984	0,2099	**0,2216**	260
270	0,1038	0,1104	0,1170	0,1238	**0,1258**	0,1381	0,1457	0,1538	0,1618	**0,1702**	270
280	0,0734	0,0783	0,0837	0,0895	**0,0955**	0,1019	0,1087	0,1156	0,1228	**0,1302**	280
290	0,0552	0,0591	0,0632	0,0677	**0,0721**	0,0773	0,0826	0,0880	0,0936	**0,0992**	290
300	0,0411	0,0442	0,0474	0,0507	**0,0543**	0,0578	0,0618	0,0660	0,0705	**0,0753**	300
310	0,0306	0,0329	0,0353	0,0379	**0,0407**	0,0434	0,0455	0,0498	0,0533	**0,0569**	310
320	0,0226	0,02435	0,02625	0,0283	**0,0303**	0,0326	0,0350	0,0376	0,0401	**0,0428**	320
330	0,0166	0,01795	0,01935	0,0208	**0,0225**	0,0243	0,0263	0,0282	0,0301	**0,0320**	330
340	0,01219	0,01315	0,01422	0,01537	**0,01659**	0,01792	0,01934	0,02080	0,02232	**0,02387**	340
350	0,00887	0,00960	0,01040	0,01127	**0,01219**	0,01322	0,01428	0,01540	0,01655	**0,01771**	350
360	0,00639	0,00693	0,00754	0,00820	**0,00890**	0,00967	0,01048	0,01132	0,01219	**0,01306**	360
370	0,00463	0,00502	0,00546	0,00596	**0,00646**	0,00703	0,00764	0,00827	0,00891	**0,00957**	370
380	0,00331	0,00361	0,00394	0,00430	**0,00467**	0,00510	0,00554	0,00601	0,00648	**0,00698**	380
390	0,00236	0,00257	0,00282	0,00307	**0,00335**	0,00307	0,00310	0,00403	0,00407	**0,00506**	390
400	0,00166	0,00181	0,00199	0,00219	**0,00239**	0,00262	0,00286	0,00312	0,00338	**0,00365**	400

Zahlentafel 15. *Dampfdrücke* (Fortsetzung).

$t_a \triangleq \sigma$ $t°\,C$	200	202	204	206	208	210	212	214	216	218	220
0	67,41	68,96	70,50	72,06	73,60	75,18	76,80	78,43	80,07	81,75	83,44
10	56,16	57,48	58,81	60,20	61,58	62,98	64,40	65,85	67,30	68,74	70,26
20	46,65	47,83	49,00	50,20	51,40	52,61	53,86	55,12	56,42	57,70	59,00
30	38,64	39,65	40,68	41,72	42,75	43,82	44,90	46,02	47,12	48,27	49,41
40	31,90	32,76	33,64	34,56	35,48	36,39	37,36	38,32	39,30	40,30	41,26
50	26,27	27,03	27,78	28,56	29,36	30,14	30,97	31,79	32,65	33,50	34,36
60	21,56	22,20	22,86	23,67	24,20	24,88	25,90	26,30	27,02	27,77	28,53
70	17,65	18,27	18,83	19,40	19,96	20,54	21,14	21,76	22,37	23,01	23,63
80	14,40	14,87	15,34	15,83	16,32	16,82	17,34	17,86	18,40	18,95	19,51
90	11,72	12,11	12,52	12,93	13,33	13,77	14,18	14,62	15,06	15,53	16,07
100	9,516	9,84	10,18	10,53	10,89	11,25	11,62	11,99	12,39	12,78	13,20
110	7,697	7,965	8,247	8,543	8,850	9,161	9,481	9,808	10,143	10,480	10,816
120	6,212	6,440	6,685	6,930	7,180	7,441	7,708	7,980	8,260	8,540	8,839
130	4,995	5,190	5,400	5,609	5,812	6,022	6,250	6,480	6,719	6,953	7,198
140	4,006	4,170	4,340	4,510	4,685	4,864	5,050	5,242	5,440	5,642	5,850
150	3,203	3,330	3,470	3,610	3,760	3,914	4,070	4,230	3,495	4,560	4,738
160	2,553	2,658	2,776	2,896	3,015	3,141	3,266	3,402	3,539	3,681	3,826
170	2,030	2,114	2,209	2,309	2,413	2,515	2,628	2,743	2,858	2,966	3,084
180	1,608	1,676	1,751	1,830	1,915	2,006	2,096	2,187	2,282	2,380	2,477
190	1,270	1,335	1,399	1,462	1,529	1,595	1,690	1,742	1,821	1,902	1,982
200	1,000	1,049	1,099	1,152	1,208	1,265	1,323	1,385	1,449	1,513	1,583
210	0,785	0,827	0,868	0,912	0,957	1,000	1,051	1,101	1,154	1,207	1,260
220	0,614	0,645	0,679	0,714	0,751	0,788	0,828	0,869	0,911	0,954	1,000
230	0,479	0,503	0,530	0,559	0,588	0,619	0,650	0,683	0,718	0,753	0,791
240	0,372	0,391	0,413	0,436	0,460	0,484	0,510	0,536	0,564	0,593	0,623
250	0,288	0,303	0,319	0,337	0,357	0,378	0,398	0,420	0,442	0,466	0,490
260	0,2216	0,2336	0,2470	0,2615	0,2770	0,2933	0,3110	0,3282	0,3461	0,3648	0,3831
270	0,1702	0,1809	0,1917	0,2030	0,2149	0,2270	0,2402	0,2541	0,2686	0,2835	0,2988
280	0,1302	0,1363	0,1439	0,1523	0,1616	0,1715	0,1828	0,1947	0,2018	0,2193	0,2323
290	0,0992	0,1004	0,1120	0,1192	0,1267	0,1345	0,1430	0,1517	0,1608	0,1703	0,1798
300	0,0753	0,0800	0,0851	0,0906	0,0966	0,1029	0,1094	0,1163	0,1235	0,1310	0,1387
310	0,0569	0,0604	0,0645	0,0688	0,0736	0,0784	0,0836	0,0890	0,0945	0,1005	0,1065
320	0,0428	0,0457	0,0489	0,0524	0,0558	0,0595	0,0633	0,0674	0,0717	0,0764	0,0815
330	0,0320	0,0341	0,0366	0,0391	0,0418	0,0449	0,0477	0,0511	0,0546	0,0582	0,0620
340	0,02387	0,0256	0,0275	0,0296	0,0317	0,0338	0,0362	0,0386	0,0412	0,0440	0,0470
350	0,01771	0,0191	0,0206	0,0221	0,0236	0,0253	0,0270	0,0289	0,0310	0,0331	0,0355
360	0,01306	0,0139	0,0151	0,0162	0,0175	0,0188	0,0202	0,0217	0,0233	0,0249	0,0266
370	0,00957	0,0102	0,0111	0,0120	0,0129	0,0139	0,0150	0,0161	0,0173	0,0186	0,0199
380	0,00698	0,00760	0,00830	0,00890	0,00960	0,01025	0,01115	0,01201	0,01293	0,01385	0,01477
390	0,00506	0,00546	0,00591	0,00640	0,00693	0,00750	0,00811	0,00870	0,00946	0,01018	0,01092
400	0,00365	0,00396	0,00422	0,00466	0,00505	0,00546	0,00587	0,00637	0,00690	0,00745	0,00802

Table 15. *Vapour Pressure* (Continued).

$t_a \triangleq \sigma$	222	224	226	228	**230**	232	234	236	238	**240**	t° C / $t_a \triangleq \sigma$
0	85,15	86,89	88,64	90,42	**92,20**	94,02	95,85	97,70	99,55		0
10	71,73	73,27	74,84	76,43	**78,03**	79,62	81,25	82,89	84,52	**86,23**	10
20	60,34	61,49	63,07	64,46	**65,86**	67,30	68,72	70,14	71,66	**73,13**	20
30	50,57	51,76	52,97	54,18	**55,43**	56,65	57,91	59,19	60,50	**61,86**	30
40	42,30	43,32	44,39	45,45	**46,53**	47,61	48,72	49,86	51,00	**52,19**	40
50	35,25	36,15	37,08	38,02	**38,96**	39,92	40,89	41,88	42,89	**43,91**	50
60	29,30	30,11	30,93	31,76	**32,61**	33,42	34,23	35,08	35,91	**36,85**	60
70	24,29	24,97	25,66	26,36	**27,08**	27,75	28,45	29,16	29,86	**30,85**	70
80	20,09	20,67	21,27	21,87	**22,49**	23,12	23,75	24,40	25,04	**25,75**	80
90	16,51	17,03	17,55	18,08	**18,62**	19,55	19,71	20,27	20,85	**21,44**	90
100	13,61	14,03	14,48	14,93	**15,39**	15,85	16,33	16,82	17,31	**17,82**	100
110	11,18	11,55	11,92	12,30	**12,68**	13,12	13,49	13,91	14,33	**14,76**	110
120	9,138	9,447	9,768	10,088	**10,43**	10,752	11,10	11,45	11,815	**12,20**	120
130	7,452	7,718	7,997	8,260	**8,541**	8,831	9,130	9,429	9,730	**10,05**	130
140	6,067	6,291	6,519	6,749	**6,983**	7,230	7,479	7,731	8,005	**8,267**	140
150	4,918	5,104	5,295	5,490	**5,690**	5,895	6,100	6,315	6,520	**6,776**	150
160	3,980	4,145	4,314	4,488	**4,624**	4,830	5,01	5,182	5,370	**5,539**	160
170	3,219	3,347	3,478	3,621	**3,750**	3,90	4,049	4,203	4,361	**4,519**	170
180	2,581	2,690	2,803	2,917	**3,031**	3,154	3,282	3,404	3,533	**3,675**	180
190	2,067	2,153	2,249	2,343	**2,442**	2,450	2,651	2,753	2,862	**2,979**	190
200	1,653	1,728	1,807	1,887	**1,963**	2,050	2,136	2,223	2,313	**2,409**	200
210	1,316	1,377	1,438	1,504	**1,573**	1,646	1,718	1,791	1,867	**1,943**	210
220	1,048	1,098	1,149	1,202	**1,257**	1,315	1,375	1,436	1,499	**1,565**	220
230	0,826	0,866	0,908	0,952	**1,000**	1,049	1,101	1,156	1,211	**1,257**	230
240	0,654	0,686	0,720	0,756	**0,794**	0,832	0,873	0,914	0,955	**1,000**	240
250	0,515	0,542	0,569	0,598	**0,628**	0,659	0,692	0,726	0,771	**0,796**	250
260	0,4025	0,4238	0,4460	0,4702	**0,4950**	0,5213	0,5483	0,5750	0,6031	**0,6320**	260
270	0,3160	0,3334	0,3516	0,3704	**0,3889**	0,4094	0,4307	0,4531	0,4756	**0,4999**	270
280	0,2455	0,2597	0,2740	0,2889	**0,3045**	0,3210	0,3385	0,3562	0,3750	**0,3942**	280
290	0,1895	0,2003	0,2120	0,2245	**0,2375**	0,2512	0,2654	0,2800	0,2945	**0,3096**	290
300	0,1470	0,1557	0,1650	0,1747	**0,1846**	0,1957	0,2071	0,2186	0,2305	**0,2423**	300
310	0,1127	0,1198	0,1271	0,1348	**0,1429**	0,1517	0,1607	0,1701	0,1795	**0,1890**	310
320	0,0861	0,0916	0,0974	0,1037	**0,1100**	0,1170	0,1243	0,1317	0,1392	**0,1466**	320
330	0,0660	0,0704	0,0749	0,0797	**0,0845**	0,0896	0,0948	0,0999	0,1051	**0,1134**	330
340	0,0501	0,0535	0,0570	0,0607	**0,0646**	0,0688	0,0731	0,0776	0,0823	**0,0873**	340
350	0,0378	0,0404	0,0432	0,0461	**0,0492**	0,0523	0,0557	0,0593	0,0631	**0,0669**	350
360	0,0285	0,0305	0,0326	0,0348	**0,0372**	0,0395	0,0422	0,0450	0,0480	**0,0511**	360
370	0,0213	0,0228	0,0245	0,0262	**0,0280**	0,0300	0,0320	0,0342	0,0365	**0,0388**	370
380	0,01590	0,01712	0,01840	0,0197	**0,0210**	0,0224	0,0239	0,0256	0,0274	**0,0293**	380
390	0,01173	0,01260	0,01356	0,01457	**0,01565**	0,01682	0,01806	0,01933	0,02064	**0,0220**	390
400	0,00863	0,00931	0,01003	0,01080	**0,01160**	0,01250	0,01344	0,01440	0,01539	**0,0164**	400

Zahlentafel 15. *Dampfdrücke* (Fortsetzung).

$t_a \triangleq \sigma$ \ $t°\,C$	240	242	244	246	248	250	252	254	256	258	260
0											
10	86,23	87,93	89,65	91,39	93,16	94,91	96,70	98,50			
20	73,13	74,64	76,17	77,73	79,31	80,87	82,50	84,10	85,73	87,40	89,04
30	61,86	63,42	64,64	65,96	67,36	68,73	70,18	71,61	73,06	74,56	76,01
40	52,19	53,36	54,57	56,35	57,03	58,26	59,52	60,81	62,10	63,42	64,73
50	43,91	44,96	46,02	47,09	48,20	49,26	50,39	51,50	52,65	53,81	54,99
60	36,85	37,77	38,70	39,65	40,60	41,54	42,54	43,53	44,56	45,60	46,60
70	30,85	31,65	32,45	33,27	34,10	34,95	35,80	36,69	37,57	38,47	39,38
80	25,75	26,60	27,34	28,07	28,82	29,32	30,34	31,10	31,86	32,62	33,21
90	21,44	22,06	22,67	23,30	23,95	24,60	25,25	25,90	26,57	27,24	27,93
100	17,82	18,34	18,87	19,42	19,95	20,50	21,06	21,66	22,25	22,84	23,45
110	14,76	15,19	15,64	16,11	16,59	17,07	17,56	18,07	18,58	19,10	19,62
120	12,20	12,60	12,98	13,38	13,78	14,19	15,60	15,04	15,47	15,92	16,39
130	10,05	10,38	10,70	11,40	11,89	11,75	12,11	12,49	12,88	13,26	13,65
140	8,267	8,546	8,835	9,123	9,422	9,721	10,04	10,36	10,71	11,03	11,35
150	6,776	7,010	7,253	7,505	7,767	8,011	8,280	8,550	8,830	9,115	9,405
160	5,539	5,740	5,950	6,165	6,378	6,587	6,820	7,057	7,293	7,530	7,774
170	4,519	4,682	4,860	5,036	5,220	5,405	5,599	5,798	6,000	6,201	6,415
180	3,675	3,810	3,955	4,210	4,257	4,421	4,588	4,757	4,931	5,105	5,276
190	2,979	3,100	3,221	3,350	3,425	3,604	3,740	3,885	4,030	4,176	4,326
200	2,409	2,505	2,608	2,716	2,824	2,933	3,050	3,167	3,279	3,413	3,541
210	1,943	2,017	2,103	2,192	2,284	2,379	2,478	2,578	2,679	2,784	2,889
220	1,565	1,626	1,694	1,765	1,842	1,924	2,004	2,089	2,175	2,263	2,350
230	1,257	1,307	1,365	1,426	1,489	1,552	1,620	1,687	1,758	1,831	1,906
240	1,000	1,044	1,091	1,142	1,193	1,248	1,303	1,360	1,417	1,478	1,542
250	0,796	0,820	0,872	0,913	0,941	1,000	1,044	1,091	1,140	1,191	1,243
260	0,632	0,662	0,695	0,728	0,763	0,799	0,837	0,876	0,916	0,957	1,000
270	0,500	0,523	0,549	0,577	0,606	0,636	0,667	0,699	0,732	0,766	0,801
280	0,394	0,413	0,434	0,456	0,480	0,505	0,529	0,555	0,583	0,611	0,640
290	0,3096	0,3267	0,3450	0,3630	0,3812	0,3993	0,4185	0,4517	0,4620	0,4860	0,5094
300	0,2423	0,2549	0,2681	0,2830	0,2988	0,3147	0,3320	0,3501	0,3680	0,3863	0,4042
310	0,1890	0,1997	0,2108	0,2223	0,2344	0,2471	0,2605	0,2745	0,2890	0,3039	0,3195
320	0,1466	0,1550	0,1640	0,1730	0,1830	0,1932	0,2038	0,2149	0,2262	0,2388	0,2515
330	0,1134	0,1204	0,1275	0,1348	0,1426	0,1504	0,1588	0,1680	0,1774	0,1871	0,1972
340	0,0873	0,0923	0,0977	0,1036	0,1102	0,1167	0,1235	0,1305	0,1381	0,1458	0,1540
350	0,0669	0,0711	0,0755	0,0802	0,0851	0,0902	0,0955	0,1021	0,1070	0,1133	0,1199
360	0,0511	0,0539	0,0573	0,0610	0,0650	0,0693	0,0738	0,0784	0,0831	0,0879	0,0928
370	0,0388	0,0411	0,0437	0,0446	0,0497	0,0530	0,0563	0,0598	0,0636	0,0674	0,0715
380	0,0293	0,0312	0,0332	0,0355	0,0380	0,0404	0,0430	0,0457	0,0487	0,0517	0,0549
390	0,0220	0,0235	0,0252	0,0270	0,0287	0,0306	0,0326	0,0348	0,0370	0,0394	0,0419
400	0,0164	0,0175	0,0187	0,0200	0,0214	0,0230	0,0245	0,0262	0,0279	0,0298	0,0318

Table 15. *Vapour Pressure* (Continued).

$t_a \cong \sigma$	262	264	266	268	**270**	272	274	276	278	**280**	$t°C$ / $t_a \cong \sigma$
0											0
10											10
20	90,72	92,42	94,15	95,90	**97,66**	99,42					20
30	77,52	79,03	80,57	82,14	**83,73**	85,32	86,92	88,56	90,42	**91,86**	30
40	66,06	67,44	68,82	70,22	**71,62**	73,05	74,87	76,25	77,44	**78,91**	40
50	56,17	57,37	58,60	59,84	**61,11**	62,40	63,72	65,05	66,42	**67,62**	50
60	47,64	48,72	49,80	50,90	**52,02**	53,08	54,24	55,40	56,54	**57,81**	60
70	40,32	41,25	42,21	43,19	**44,17**	45,16	46,20	47,22	48,25	**49,31**	70
80	34,18	34,97	35,77	36,60	**37,42**	38,30	39,20	40,10	41,03	**41,96**	80
90	28,63	29,35	30,10	30,84	**31,62**	32,39	33,16	33,95	34,76	**35,62**	90
100	24,08	24,71	25,35	26,01	**26,67**	27,34	28,03	28,72	29,44	**30,18**	100
110	20,17	20,71	21,28	21,85	**22,43**	23,03	23,63	24,24	24,87	**25,50**	110
120	16,85	17,32	17,80	18,30	**18,83**	19,34	19,87	20,40	20,94	**21,51**	120
130	14,05	14,47	14,89	15,32	**15,76**	16,20	16,66	17,13	17,60	**18,09**	130
140	11,72	12,08	12,45	12,81	**13,17**	13,53	13,89	14,25	14,62	**15,19**	140
150	9,699	10,05	10,32	10,64	**10,97**	11,30	11,64	11,99	12,34	**12,71**	150
160	8,030	8,293	8,561	8,832	**9,116**	9,397	9,691	9,989	10,288	**10,612**	160
170	6,630	6,858	7,088	7,321	**7,561**	7,810	8,062	8,322	8,590	**8,851**	170
180	5,468	5,656	5,852	6,049	**6,252**	6,454	6,665	6,891	7,116	**7,357**	180
190	4,485	4,645	4,811	4,985	**5,154**	5,335	5,515	5,704	5,895	**6,097**	190
200	3,681	3,816	3,957	4,102	**4,242**	4,400	4,557	4,716	4,883	**5,044**	200
210	2,995	3,106	3,228	3,351	**3,480**	3,611	3,745	3,879	4,018	**4,161**	210
220	2,440	2,535	2,635	2,740	**2,847**	2,958	3,072	3,186	3,303	**3,422**	220
230	1,982	2,062	2,145	2,232	**2,323**	2,412	2,506	2,604	2,706	**2,808**	230
240	1,606	1,675	1,744	1,817	**1,890**	1,966	2,046	2,126	2,210	**2,297**	240
250	1,297	1,355	1,414	1,474	**1,533**	1,600	1,668	1,736	1,805	**1,873**	250
260	1,044	1,091	1,138	1,188	**1,239**	1,293	1,348	1,405	1,463	**1,524**	260
270	0,823	0,868	0,914	0,956	**1,000**	1,044	1,090	1,138	1,185	**1,235**	270
280	0,670	0,701	0,734	0,769	**0,804**	0,839	0,877	0,917	0,958	**1,000**	280
290	0,5355	0,5620	0,5882	0,6155	**0,6435**	0,6740	0,7060	0,7388	0,7815	**0,8052**	290
300	0,4240	0,4445	0,4662	0,4899	**0,5139**	0,5390	0,5650	0,5915	0,6188	**0,6468**	300
310	0,3360	0,3532	0,3710	0,3895	**0,4088**	0,4296	0,4505	0,4721	0,4950	**0,5178**	310
320	0,2645	0,2783	0,2930	0,3080	**0,3239**	0,3397	0,3570	0,3750	0,3938	**0,4128**	320
330	0,2078	0,2192	0,2310	0,2432	**0,2557**	0,2692	0,2831	0,2975	0,3122	**0,3279**	330
340	0,1621	0,1711	0,1806	0,1907	**0,2011**	0,2125	0,2240	0,2357	0,2475	**0,2596**	340
350	0,1264	0,1336	0,1412	0,1494	**0,1576**	0,1668	0,1761	0,1856	0,1950	**0,2048**	350
360	0,0979	0,1042	0,1092	0,1157	**0,1220**	0,1293	0,1369	0,1448	0,1526	**0,1608**	360
370	0,0754	0,0798	0,0847	0,0900	**0,0954**	0,1010	0,1070	0,1132	0,1193	**0,1257**	370
380	0,0580	0,0616	0,0653	0,0693	**0,0737**	0,0783	0,0830	0,0878	0,0928	**0,0978**	380
390	0,0445	0,0473	0,0503	0,0535	**0,0567**	0,0602	0,0638	0,0676	0,0716	**0,0758**	390
400	0,0337	0,0360	0,0383	0,0408	**0,0434**	0,0461	0,0490	0,0521	0,0552	**0,0584**	400

Zahlentafel 15. *Dampfdrücke* (Fortsetzung).

$t_a \triangleq \sigma$ \\ $t°$ C	280	282	284	286	288	290	292	294	296	298	300
0											
10											
20											
30	91,86	93,50	95,20	96,95	98,68						
40	78,91	80,42	81,85	83,50	85,04	86,65	88,20	89,82	91,46	93,12	94,79
50	67,62	68,93	70,31	71,70	73,12	74,55	75,96	77,42	78,89	80,40	81,90
60	57,81	59,04	60,27	61,50	62,76	64,01	65,20	66,76	67,94	69,25	70,60
70	49,31	50,40	51,50	52,60	53,71	54,82	55,98	57,14	58,32	59,51	60,71
80	41,96	42,91	43,88	44,88	45,88	46,86	47,88	48,94	50,00	51,06	52,10
90	35,62	36,49	37,35	38,20	39,07	39,95	40,86	41,80	42,72	43,67	44,63
100	30,18	30,92	31,68	32,44	33,23	34,01	34,82	35,64	36,48	37,32	38,14
110	25,50	26,15	26,84	27,48	28,16	28,86	29,60	30,30	31,04	31,78	32,51
120	21,51	22,06	22,64	23,23	23,83	24,44	25,06	25,70	26,35	27,00	27,67
130	18,09	18,60	19,11	19,63	20,14	20,66	21,18	21,72	22,29	22,87	23,48
140	15,19	15,62	16,06	16,51	16,97	17,43	17,91	18,39	18,89	19,39	19,89
150	12,71	13,08	13,46	13,85	14,24	14,66	15,06	15,48	15,91	16,35	16,81
160	10,61	10,94	11,25	11,60	11,95	12,30	12,66	13,03	13,39	13,78	14,16
170	8,85	9,13	9,42	9,71	10,00	10,30	10,63	10,95	11,27	11,62	11,97
180	7,36	7,59	7,81	8,09	8,34	8,61	8,87	9,15	9,44	9,74	10,04
190	6,10	6,30	6,51	6,73	6,95	7,17	7,40	7,64	7,88	8,13	8,38
200	5,04	5,22	5,41	5,59	5,78	5,96	6,17	6,37	6,58	6,79	7,00
210	4,161	4,308	4,460	4,620	4,780	4,944	5,110	5,280	5,465	5,641	5,834
220	3,422	3,520	3,670	3,810	3,940	4,087	4,227	4,377	4,530	4,696	4,848
230	2,808	2,950	3,046	3,150	3,260	3,372	3,495	3,620	3,750	3,880	4,019
240	2,297	2,383	2,475	2,571	2,667	2,774	2,876	2,984	3,093	3,207	3,323
250	1,873	1,949	2,025	2,107	2,189	2,274	2,363	2,455	2,546	2,642	2,740
260	1,524	1,587	1,650	1,717	1,788	1,860	1,933	2,008	2,087	2,166	2,252
270	1,235	1,285	1,341	1,397	1,456	1,517	1,578	1,643	1,708	1,773	1,847
280	1,000	1,045	1,088	1,135	1,184	1,234	1,283	1,337	1,393	1,451	1,511
290	0,805	0,840	0,879	0,918	0,959	1,000	1,044	1,090	1,136	1,184	1,232
300	0,647	0,677	0,708	0,740	0,774	0,808	0,844	0,882	0,921	0,960	1,000
310	0,518	0,551	0,574	0,599	0,624	0,651	0,680	0,712	0,744	0,778	0,810
320	0,413	0,434	0,456	0,478	0,501	0,522	0,548	0,572	0,598	0,626	0,654
330	0,3279	0,3441	0,3617	0,3800	0,3985	0,4171	0,4371	0,4583	0,4800	0,5022	0,5255
340	0,2596	0,2725	0,2863	0,3012	0,3165	0,3323	0,3490	0,3665	0,3847	0,4030	0,4212
350	0,2048	0,2155	0,2270	0,2390	0,2512	0,2638	0,2770	0,2910	0,3058	0,3210	0,3364
360	0,1608	0,1702	0,1793	0,1886	0,1984	0,2085	0,2193	0,2309	0,2426	0,2549	0,2675
370	0,1257	0,1321	0,1394	0,1472	0,1505	0,1640	0,1726	0,1819	0,1916	0,2015	0,2118
380	0,0978	0,1031	0,1090	0,1154	0,1220	0,1286	0,1360	0,1434	0,1511	0,1590	0,1670
390	0,0758	0,0805	0,0850	0,0900	0,0952	0,1003	0,1061	0,1119	0,1182	0,1245	0,1312
400	0,0584	0,0617	0,0656	0,0694	0,0735	0,0778	0,0824	0,0871	0,0922	0,0974	0,1025

Table 15. *Vapour Pressure* (Continued).

$t_a \triangleq \sigma$	302	304	306	308	310	312	314	316	318	320	$t_a \triangleq \sigma$
0											0
10											10
20											20
30											30
40	96,46	98,16	99,86								40
50	83,42	84,94	86,60	88,08	89,66	91,22	92,80	94,35	95,97	97,80	50
60	71,96	73,36	74,74	76,17	77,59	79,04	80,49	81,97	83,44	84,96	60
70	61,93	63,17	64,43	65,70	66,99	68,29	69,60	70,93	72,27	73,63	70
80	53,23	54,32	55,44	56,56	57,72	58,88	60,05	61,25	62,46	63,69	80
90	45,60	46,58	47,60	48,59	49,62	50,68	51,70	52,76	53,84	54,97	90
100	39,02	39,90	40,80	41,71	42,60	43,54	44,48	45,43	46,39	47,37	100
110	33,29	34,80	34,88	35,68	36,46	37,31	38,14	40,09	41,03	40,71	110
120	28,35	29,02	29,72	30,42	31,16	31,89	32,62	33,38	34,15	34,94	120
130	24,06	24,67	25,28	25,91	26,56	27,20	27,84	28,50	29,18	29,90	130
140	20,42	20,96	21,50	22,05	22,60	23,17	23,75	24,34	24,93	25,53	140
150	17,28	17,75	18,23	18,72	19,22	19,71	20,22	20,72	21,23	21,77	150
160	14,57	14,98	15,39	15,82	16,24	16,68	17,13	17,58	18,05	18,52	160
170	12,30	12,66	13,01	13,37	13,73	14,13	14,52	14,91	15,31	15,72	170
180	10,34	10,66	10,97	11,29	11,60	11,95	12,29	12,63	12,97	13,31	180
190	8,636	8,902	9,171	9,450	9,736	10,02	10,31	10,61	10,92	11,24	190
200	7,227	7,456	7,691	7,932	8,172	8,427	8,680	8,941	9,211	9,486	200
210	6,020	6,220	6,418	6,623	6,843	7,054	7,277	7,505	7,733	7,979	210
220	5,018	5,192	5,284	5,533	5,714	5,900	6,090	6,288	6,487	6,693	220
230	4,155	4,330	4,450	4,604	4,761	4,920	5,085	5,255	5,420	5,603	230
240	3,438	3,560	3,688	3,819	3,955	4,096	4,238	4,382	4,524	4,677	240
250	2,841	2,946	3,054	3,165	3,278	3,397	3,516	3,640	3,766	3,895	250
260	2,336	2,425	2,512	2,612	2,709	2,807	2,910	3,016	3,123	3,235	260
270	1,913	1,993	2,149	2,313	2,232	2,412	2,585	2,721	2,852	2,680	270
280	1,565	1,635	1,698	1,765	1,835	1,903	1,979	2,053	2,130	2,214	280
290	1,285	1,338	1,394	1,461	1,505	1,568	1,630	1,694	1,757	1,823	290
300	1,044	1,088	1,134	1,182	1,228	1,282	1,334	1,387	1,442	1,497	300
310	0,848	0,885	0,923	0,962	1,000	1,045	1,089	1,133	1,179	1,226	310
320	0,683	0,714	0,747	0,780	0,812	0,850	0,887	0,925	0,963	1,000	320
330	0,5500	0,5751	0,6012	0,6283	0,6565	0,6850	0,7155	0,7470	0,7798	0,8132	330
340	0,4408	0,4615	0,4835	0,5060	0,5292	0,5548	0,5805	0,6060	0,6322	0,6592	340
350	0,3538	0,3710	0,3890	0,4070	0,4252	0,4458	0,4665	0,4880	0,5100	0,5326	350
360	0,2811	0,2952	0,3060	0,3246	0,3401	0,3565	0,3737	0,3912	0,4094	0,4286	360
370	0,2228	0,2342	0,2462	0,2583	0,2709	0,2844	0,2984	0,3128	0,3277	0,3434	370
380	0,1752	0,1843	0,1939	0,2042	0,2150	0,2263	0,2378	0,2497	0,2618	0,2741	380
390	0,1378	0,1450	0,1529	0,1611	0,1699	0,1790	0,1885	0,1981	0,2080	0,2180	390
400	0,1081	0,1140	0,1204	0,1289	0,1337	0,1412	0,1488	0,1566	0,1647	0,1725	400

Zahlentafel 15. *Dampfdrücke* (Fortsetzung).

$t°\,C$ / $t_a \cong \sigma$	320	322	324	326	328	330	332	334	336	338	340
0											
10											
20											
30											
40											
50	97,80										
60	84,96	86,47	88,03	89,57	91,15	92,74	94,34	95,94	97,55	99,18	
70	73,63	75,02	76,42	77,84	79,25	80,68	82,15	83,60	85,10	86,60	88,07
80	63,69	64,92	66,18	67,45	68,74	70,04	71,36	72,68	74,04	75,39	76,73
90	54,97	56,09	57,24	58,36	59,52	60,68	61,88	63,06	64,28	65,50	66,72
100	47,37	48,37	49,39	50,40	51,45	52,49	53,56	54,63	55,71	56,80	57,93
110	40,71	41,60	42,32	43,48	44,42	45,29	46,30	47,25	48,23	49,20	50,17
120	34,94	35,73	36,54	37,37	38,20	39,02	39,88	40,92	41,62	42,50	43,38
130	29,90	30,60	31,30	32,30	32,75	33,53	34,28	35,05	35,84	36,64	37,42
140	25,53	26,22	26,84	27,45	28,10	28,76	29,41	30,08	30,78	31,49	32,23
150	21,77	22,31	22,86	23,45	24,04	24,61	25,22	25,83	26,43	27,06	27,69
160	18,52	19,02	19,52	20,03	20,53	21,02	21,58	22,12	22,66	23,10	23,74
170	15,72	16,15	16,59	17,02	17,47	17,92	18,39	18,86	19,34	19,84	20,33
180	13,31	13,69	14,07	14,47	14,85	15,24	15,65	16,07	16,50	16,93	17,35
190	11,24	11,57	11,91	12,24	12,58	12,93	13,29	13,65	14,01	14,39	14,78
200	9,49	9,76	10,04	10,34	10,64	10,95	11,26	11,59	11,92	12,14	12,57
210	7,979	8,215	8,270	8,730	8,990	9,254	9,530	9,809	10,09	10,37	10,67
220	6,693	6,900	7,120	7,345	7,570	7,799	8,035	8,278	8,522	8,770	9,030
230	5,603	5,789	5,972	6,167	6,360	6,558	6,760	6,972	7,188	7,406	7,627
240	4,677	4,832	5,000	5,161	5,330	5,500	5,680	5,865	6,050	6,231	6,425
250	3,895	4,020	4,180	4,310	4,450	4,602	4,752	4,910	5,070	5,230	5,400
260	3,235	3,350	3,470	3,593	3,715	3,840	3,971	4,106	4,245	4,385	4,527
270	2,680	2,785	2,885	2,986	3,090	3,196	3,310	3,425	3,504	3,660	3,785
280	2,214	2,294	2,376	2,465	2,555	2,653	2,750	2,849	2,950	3,052	3,157
290	1,823	1,890	1,962	2,037	2,116	2,196	2,281	2,365	2,452	2,539	2,625
300	1,497	1,551	1,610	1,675	1,742	1,813	1,880	1,952	2,025	2,101	2,178
310	1,226	1,270	1,321	1,375	1,432	1,491	1,551	1,611	1,673	1,737	1,801
320	1,000	1,042	1,083	1,131	1,179	1,223	1,275	1,324	1,375	1,428	1,484
330	0,813	0,847	0,884	0,921	0,960	1,000	1,042	1,084	1,129	1,175	1,220
340	0,659	0,687	0,718	0,749	0,782	0,815	0,849	0,885	0,922	0,961	1,000
350	0,533	0,551	0,582	0,608	0,635	0,662	0,691	0,721	0,752	0,784	0,816
360	0,429	0,448	0,469	0,490	0,513	0,539	0,559	0,583	0,609	0,626	0,664
370	0,3434	0,3600	0,3769	0,3977	0,4157	0,4317	0,4510	0,4718	0,4930	0 5151	0,5378
380	0,2741	0,2872	0,3015	0,3160	0,3317	0,3466	0,3630	0,3800	0,3978	0,4155	0,4342
390	0,2180	0,2230	0,2410	0,2530	0,2650	0,2773	0,2907	0,3045	0,3190	0,3340	0,3493
400	0,1725	0,1817	0,1911	0,2009	0,2110	0,2210	0,2323	0,2436	0,2553	0,2673	0,2798

Table 15. *Vapour Pressure* (Continued).

$t_a \cong \sigma$	342	344	346	348	350	352	354	356	358	360	$t_a \cong \sigma$
0											0
10											10
20											20
30											30
40											40
50											50
60											60
70	89,62	91,18	92,75	94,32	95,93	97,54	99,16				70
80	78,14	79,55	80,99	82,42	83,87	85,32	86,82	88,32	89,85	91,38	80
90	67,97	69,24	70,55	71,86	73,19	74,52	75,88	77,26	78,64	80,01	90
100	59,06	60,20	61,36	62,53	63,77	64,92	66,13	67,36	68,60	69,95	100
110	51,20	52,24	53,30	54,37	55,43	56,52	57,63	58,73	59,86	61,01	110
120	44,29	45,21	46,17	47,12	48,11	49,04	50,08	51,08	52,11	53,14	120
130	38,25	39,08	39,92	40,79	41,65	42,55	43,46	47,37	45,32	46,18	130
140	32,96	33,70	34,44	35,21	36,01	36,80	37,60	38,40	39,22	40,07	140
150	28,35	29,00	29,67	30,35	31,05	31,74	32,46	33,18	33,91	34,68	150
160	24,32	24,92	25,54	26,13	26,74	27,35	27,99	28,62	29,27	29,96	160
170	20,86	21,37	21,89	22,43	22,97	23,53	24,10	24,69	25,28	25,85	170
180	17,81	18,25	18,71	19,18	19,69	20,17	20,67	21,19	21,71	22,25	180
190	15,17	15,58	15,99	16,41	16,84	17,27	17,72	18,16	18,63	19,10	190
200	12,93	13,28	13,65	14,02	14,39	14,77	15,17	15,57	15,97	16,38	200
210	10,97	11,28	11,59	11,91	12,25	12,53	12,92	13,27	13,62	14,01	210
220	9,295	9,566	9,845	10,12	10,41	10,71	11,01	11,31	11,62	11,95	220
230	7,855	8,090	8,331	8,582	8,837	9,090	9,357	9,625	9,899	10,18	230
240	6,628	6,832	7,049	7,260	7,478	7,702	7,930	8,170	8,409	8,653	240
250	5,570	5,750	5,934	6,119	6,311	6,510	6,707	6,910	7,113	7,335	250
260	4,682	4,835	4,995	5,155	5,315	5,485	5,656	5,837	6,020	6,203	260
270	3,915	4,049	4,185	4,320	4,464	4,610	4,760	4,915	5,067	5,233	270
280	3,262	3,376	3,494	3,616	3,740	3,866	3,998	4,127	4,266	4,404	280
290	2,703	2,814	2,915	3,020	3,125	3,239	3,352	3,464	3,578	3,696	290
300	2,256	2,315	2,424	2,542	2,604	2,698	2,794	2,891	2,992	3,094	300
310	1,866	1,935	2,010	2,086	2,164	2,245	2,326	2,410	2,445	2,583	310
320	1,539	1,599	1,663	1,727	1,792	1,862	1,932	2,030	2,075	2,149	320
330	1,270	1,321	1,373	1,428	1,480	1,540	1,599	1,658	1,720	1,783	330
340	1,041	1,083	1,128	1,173	1,219	1,268	1,318	1,369	1,423	1,475	340
350	0,852	0,888	0,926	0,964	1,000	1,043	1,085	1,128	1,172	1,217	350
360	0,692	0,722	0,753	0,785	0,818	0,853	0,885	0,927	0,964	1,000	360
370	0,5620	0,5750	0,6130	0,6395	0,6663	0,6950	0,7250	0,7560	0,7870	0,8190	370
380	0,4543	0,4749	0,4960	0,5180	0,5409	0,5643	0,5890	0,6148	0,6410	0,6683	380
390	0,3619	0,3825	0,4050	0,4190	0,4376	0,4570	0,4775	0,4990	0,5210	0,5435	390
400	0,2962	0,3077	0,3224	0,3373	0,3524	0,3688	0,3860	0,4032	0,4212	0,4401	400

Zahlentafel 15. *Dampfdrücke* (Fortsetzung).

$t°\,C$ \ $t_a \triangleq \sigma$	**360**	362	364	366	368	**370**	372	374	376	378	**380**
0											
10											
20											
30											
40											
50											
60											
70											
80	**91,38**	92,91	94,48	96,08	97,66	**99,28**					
90	**80,01**	81,45	82,86	84,31	85,75	**87,21**	88,70	90,20	91,74	93,30	**94,79**
100	**69,95**	71,22	72,50	73,85	75,17	**76,50**	77,84	79,16	80,52	81,90	**83,24**
110	**61,01**	62,17	63,33	64,54	65,74	**66,96**	68,18	69,42	70,70	71,96	**73,25**
120	**53,14**	54,20	55,28	56,36	57,44	**58,52**	59,65	60,78	61,93	63,09	**64,23**
130	**46,18**	47,14	48,08	49,08	50,06	**51,03**	52,04	53,06	54,10	55,13	**56,19**
140	**40,07**	40,93	41,80	42,68	43,57	**44,43**	45,36	46,28	47,20	48,16	**49,10**
150	**34,68**	35,44	36,20	36,98	37,76	**38,59**	39,38	40,20	41,04	41,90	**42,80**
160	**29,96**	30,63	31,32	32,03	32,76	**33,46**	34,20	34,96	35,72	36,48	**37,24**
170	**25,85**	26,47	27,08	27,70	28,33	**28,98**	29,62	30,29	30,98	31,67	**32,36**
180	**22,25**	22,76	23,30	23,86	24,44	**25,03**	25,60	26,20	26,80	27,42	**28,06**
190	**19,10**	19,58	20,07	20,57	21,04	**21,57**	22,09	22,62	23,16	23,70	**24,27**
200	**16,38**	16,79	17,23	17,77	18,11	**18,57**	19,04	19,51	19,99	20,47	**20,96**
210	**14,01**	14,39	14,76	15,15	15,54	**15,94**	16,35	16,77	17,20	17,64	**18,08**
220	**11,95**	12,24	12,61	12,95	13,30	**13,66**	14,02	14,39	14,77	15,13	**15,54**
230	**10,18**	10,45	10,75	11,05	11,36	**11,68**	12,00	12,33	12,66	12,99	**13,34**
240	**8,653**	8,895	9,155	9,420	9,688	**9,960**	10,25	10,54	10,84	11,13	**11,452**
250	**7,335**	7,550	7,780	8,010	8,240	**8,483**	8,727	8,980	9,240	9,500	**9,763**
260	**6,203**	6,396	6,595	6,798	7,001	**7,203**	7,420	7,640	7,870	8,099	**8,324**
270	**5,233**	5,400	5,572	5,747	5,922	**6,103**	6,300	6,488	6,680	6,879	**7,080**
280	**4,404**	4,533	4,687	4,834	4,990	**5,158**	5,318	5,494	5,657	5,830	**6,009**
290	**3,696**	3,810	3,939	4,070	4,204	**4,348**	4,482	4,630	4,781	4,930	**5,086**
300	**3,094**	3,200	3,315	3,430	3,545	**3,656**	3,780	3,905	4,030	4,160	**4,295**
310	**2,583**	2,675	2,770	2,865	2,965	**3,066**	3,175	3,280	3,390	3,504	**3,618**
320	**2,149**	2,220	2,310	2,390	2,475	**2,562**	2,652	2,745	2,840	2,935	**3,037**
330	**1,783**	1,896	1,913	1,985	2,060	**2,136**	2,224	2,295	2,376	2,458	**2,543**
340	**1,475**	1,524	1,589	1,649	1,712	**1,775**	1,896	1,915	1,985	2,054	**2,124**
350	**1,217**	1,263	1,311	1,363	1,416	**1,471**	1,577	1,585	1,645	1,706	**1,768**
360	**1,000**	1,039	1,075	1,126	1,171	**1,215**	1,263	1,313	1,363	1,416	**1,467**
370	**0,819**	0,854	0,889	0,926	0,963	**1,000**	1,042	1,083	1,126	1,169	**1,213**
380	**0,668**	0,696	0,726	0,756	0,789	**0,820**	0,855	0,890	0,926	0,963	**1,000**
390	**0,544**	0,567	0,592	0,618	0,644	**0,670**	0,699	0,728	0,759	0,790	**0,821**
400	**0,440**	0,458	0,478	0,499	0,522	**0,546**	0,570	0,595	0,620	0,645	**0,672**

Table 15. *Vapour Pressure* (Continued).

$t_a \doteq \sigma$	382	384	386	388	390	392	394	396	398	400	$t_a \cong \sigma$
0											0
10											10
20											20
30											30
40											40
50											50
60											60
70											70
80											80
90	96,36	97,95	99,55								90
100	84,69	86,17	87,65	89,14	90,74	92,20	93,76	95,15	96,68	98,42	100
110	74,54	75,85	77,21	78,57	79,93	81,30	82,70	84,08	85,55	86,96	110
120	65,44	66,64	67,86	69,10	70,32	71,55	72,80	74,09	75,38	76,74	120
130	57,26	58,33	59,47	60,60	61,72	62,86	64,02	65,20	66,37	67,57	130
140	50,08	51,06	52,06	53,08	54,10	55,12	56,17	57,24	58,30	59,42	140
150	43,70	44,58	45,50	46,40	47,32	48,28	49,22	50,17	51,13	52,14	150
160	38,05	38,87	39,68	40,51	41,32	42,18	43,05	43,92	44,79	45,67	160
170	33,08	33,80	34,52	35,28	36,03	36,80	37,58	38,35	39,16	39,96	170
180	28,68	29,31	29,96	30,63	31,34	31,99	32,68	33,39	34,50	34,88	180
190	24,81	25,40	25,99	26,59	27,21	27,81	28,43	29,08	29,65	30,38	190
200	21,58	21,99	22,51	23,05	23,59	24,12	24,68	25,25	25,83	26,43	200
210	18,53	18,98	19,45	19,93	20,40	20,89	21,39	21,89	22,40	22,94	210
220	15,93	16,33	16,75	17,18	17,61	18,04	18,49	18,94	19,40	19,87	220
230	13,69	14,04	14,40	14,76	15,14	15,53	15,93	16,34	16,76	17,18	230
240	11,75	12,08	12,40	12,73	13,04	13,41	13,75	13,92	14,46	14,83	240
250	10,03	10,32	10,60	10,89	11,19	11,49	11,80	12,12	12,44	12,77	250
260	8,570	8,812	9,050	9,313	9,579	9,840	10,11	10,39	10,67	10,97	260
270	7,290	7,508	7,630	7,952	8,181	8,417	8,659	8,902	9,150	9,405	270
280	6,199	6,375	6,570	6,768	6,972	7,170	7,390	7,600	7,815	8,046	280
290	5,247	5,410	5,580	5,740	5,925	6,103	6,290	6,470	6,680	6,864	290
300	4,430	4,580	4,721	4,870	5,024	5,181	5,440	5,504	5,660	5,845	300
310	3,740	3,861	3,982	4,115	4,249	4,385	4,502	4,665	4,810	4,963	310
320	3,140	3,245	3,355	3,465	3,583	3,701	3,820	3,945	4,070	4,202	320
330	2,626	2,716	2,812	2,911	3,014	3,116	3,221	3,328	3,438	3,549	330
340	2,198	2,275	2,356	2,441	2,527	2,617	2,709	2,801	2,893	2,989	340
350	1,836	1,903	1,971	2,041	2,114	2,188	2,266	2,347	2,428	2,510	350
360	1,525	1,583	1,642	1,702	1,761	1,827	1,894	1,961	2,031	2,102	360
370	1,261	1,310	1,360	1,413	1,463	1,521	1,578	1,636	1,695	1,754	370
380	1,038	1,079	1,122	1,167	1,212	1,261	1,309	1,359	1,409	1,461	380
390	0,855	0,890	0,927	0,964	1,000	1,042	1,082	1,124	1,167	1,211	390
400	0,695	0,720	0,747	0,776	0,822	0,840	0,879	0,919	0,960	1,000	400

Zahlentafel 16. *Funktionswerte der Temperaturfunktionen τ und $\dfrac{1000}{\tau}$ gemäß Gleichung (1), Seite 3, nach Hoffmann und Florin.*

°C	$T°\mathrm{K}$	τ	$\dfrac{1000}{\tau}$	t °C	$T°\mathrm{K}$	τ	$\dfrac{1000}{\tau}$
— 273	0	0,0	∞	— 216	57	70,1	14,28
— 272	1	1,0	980,4	— 215	58	71,5	13,99
— 271	2	2,1	490,0	— 214	59	72,9	13,72
— 270	3	3,1	326,7	— 213	60	74,4	13,46
— 269	4	4,2	242,6	— 212	61	75,8	13,21
— 268	5	5,2	192,9	— 211	62	77,3	12,96
— 267	6	6,3	160,1	— 210	63	78,7	12,71
— 266	7	7,3	136,9	— 209	64	80,2	12,48
— 265	8	8,4	119,5	— 208	65	81,6	12,26
— 264	9	9,5	106,0	— 207	66	83,1	12,04
— 263	10	10,6	95,12	— 206	67	84,5	11,83
— 262	11	11,7	85,69	— 205	68	86,0	11,63
— 261	12	12,8	78,13	— 204	69	87,5	11,42
— 260	13	13,9	71,97	— 203	70	89,0	11,23
— 259	14	15,0	67,02	— 202	71	90,5	11,05
— 258	15	16,2	62,30	— 201	72	92,0	10,87
— 257	16	17,3	57,96	— 200	73	93,5	10,70
— 256	17	18,5	54,30	— 199	74	95,0	10,53
— 255	18	19,6	50,98	— 198	75	96,5	10,37
— 254	19	20,8	47,76	— 197	76	98,1	10,21
— 253	20	22,0	45,20	— 196	77	99,6	10,04
— 252	21	23,1	42,97	— 195	78	101,1	9,895
— 251	22	24,3	40,93	— 194	79	102,6	9,742
— 250	23	25,5	39,18	— 193	80	104,2	9,601
— 249	24	26,7	37,39	— 192	81	105,7	9,461
— 248	25	27,9	35,78	— 191	82	107,3	9,322
— 247	26	29,2	34,28	— 190	83	108,8	9,191
— 246	27	30,4	32,91	— 189	84	110,4	9,062
— 245	28	31,6	31,64	— 188	85	112,0	8,934
— 244	29	32,9	30,48	— 187	86	113,5	8,809
— 243	30	34,1	29,38	— 186	87	115,1	8,687
— 242	31	35,4	28,31	— 185	88	116,7	8,570
— 241	32	36,6	27,33	— 184	89	118,3	8,455
— 240	33	37,9	26,42	— 183	90	119,9	8,341
— 239	34	39,2	25,57	— 182	91	121,5	8,231
— 238	35	40,5	24,76	— 181	92	123,1	8,123
— 237	36	41,7	23,97	— 180	93	124,7	8,018
— 236	37	43,0	23,23	— 179	94	126,3	7,917
— 235	38	44,3	22,59	— 178	95	128,0	7,816
— 234	39	45,6	21,91	— 177	96	129,6	7,717
— 233	40	46,9	21,28	— 176	97	131,3	7,621
— 232	41	48,3	20,71	— 175	98	132,9	7,526
— 231	42	49,6	20,17	— 174	99	134,6	7,434
— 230	43	50,9	19,67	— 173	100	136,2	7,344
— 229	44	52,2	19,22	— 172	101	137,9	7,256
— 228	45	53,6	18,77	— 171	102	139,5	7,170
— 227	46	54,9	18,30	— 170	103	141,2	7,084
— 226	47	56,3	17,83	— 169	104	142,9	6,997
— 225	48	57,6	17,37	— 168	105	144,6	6,912
— 224	49	59,0	16,99	— 167	106	146,2	6,833
— 223	50	60,4	16,61	— 166	107	147,9	6,757
— 222	51	61,7	16,23	— 165	108	149,6	6,686
— 221	52	63,1	15,87	— 164	109	151,3	6,609
— 220	53	64,5	15,52	— 163	110	153,0	6,535
— 219	54	65,9	15,18	— 162	111	154,7	6,463
— 218	55	67,3	14,88	— 161	112	156,4	6,392
— 217	56	68,7	14,57	— 160	113	158,1	6,324

Table 16. *Values of the Functions τ and $\dfrac{1000}{\tau}$ according to Eq. (1)*
p. 3 (Hoffmann and Florin).

$t\,°C$	$T\,°C$	τ	$\dfrac{1000}{\tau}$	$t\,°C$	$T\,°K$	τ	$\dfrac{1000}{\tau}$
— 159	114	159,8	6,252	— 102	171	266,4	3,754
— 158	115	161,6	6,184	— 101	172	268,4	3,725
— 157	116	163,3	6,117	— 100	173	270,4	3,698
— 156	117	165,1	6,054	— 99	174	272,4	3,671
— 155	118	166,8	5,995	— 98	175	274,5	3,644
— 154	119	168,6	5,929	— 97	176	276,5	3,617
— 153	120	170,3	5,868	— 96	177	278,6	3,591
— 152	121	172,1	5,809	— 95	178	280,6	3,564
— 151	122	173,8	5,751	— 94	179	282,7	3,539
— 150	123	175,6	5,694	— 93	180	284,7	3,514
— 149	124	177,4	5,637	— 92	181	286,8	3,488
— 148	125	179,2	5,581	— 91	182	288,8	3,463
— 147	126	180,9	5,525	— 90	183	290,9	3,438
— 146	127	182,7	5,472	— 89	184	293,0	3,415
— 145	128	184,5	5,419	— 88	185	295,0	3,391
— 144	129	186,3	5,366	— 87	186	297,1	3,367
— 143	130	188,1	5,314	— 86	187	299,1	3,343
— 142	131	190,0	5,264	— 85	188	301,2	3,320
— 141	132	191,8	5,214	— 84	189	303,3	3,297
— 140	133	193,6	5,165	— 83	190	305,4	3,275
— 139	134	195,4	5,116	— 82	191	307,5	3,253
— 138	135	197,3	5,071	— 81	192	309,6	3,231
— 137	136	199,1	5,024	— 80	193	311,7	3,208
— 136	137	201,0	4,977	— 79	194	313,8	3,187
— 135	138	202,8	4,931	— 78	195	315,9	3,166
— 134	139	204,7	4,886	— 77	196	318,1	3,145
— 133	140	206,5	4,842	— 76	197	320,2	3,124
— 132	141	208,4	4,799	— 75	198	322,3	3,103
— 131	142	210,2	4,757	— 74	199	324,4	3,083
— 130	143	212,1	4,715	— 73	200	326,6	3,063
— 129	144	214,0	4,673	— 72	201	328,7	3,043
— 128	145	215,9	4,633	— 71	202	330,9	3,023
— 127	146	217,7	4,593	— 70	203	333,0	3,003
— 126	147	219,6	4,553	— 69	204	335,2	2,984
— 125	148	221,5	4,514	— 68	205	337,3	2,965
— 124	149	223,4	4,477	— 67	206	339,5	2,946
— 123	150	225,3	4,439	— 66	207	341,6	2,927
— 122	151	227,2	4,402	— 65	208	343,8	2,908
— 121	152	229,1	4,365	— 64	209	346,0	2,891
— 120	153	231,0	4,328	— 63	210	348,2	2,873
— 119	154	232,9	4,293	— 62	211	350,4	2,855
— 118	155	234,9	4,258	— 61	212	352,6	2,837
— 117	156	236,8	4,224	— 60	213	354,8	2,819
— 116	157	238,8	4,189	— 59	214	357,0	2,802
— 115	158	240,7	4,154	— 58	215	359,2	2,785
— 114	159	242,7	4,121	— 57	216	361,4	2,768
— 113	160	244,6	4,089	— 56	217	363,6	2,751
— 112	161	246,6	4,056	— 55	218	365,8	2,734
— 111	162	248,5	4,024	— 54	219	368,0	2,718
— 110	163	250,5	3,992	— 53	220	370,2	2,701
— 109	164	252,5	3,961	— 52	221	372,5	2,685
— 108	165	254,5	3,931	— 51	222	374,7	2,669
— 107	166	256,4	3,901	— 50	223	376,9	2,653
— 106	167	258,4	3,871	— 49	224	379,2	2,638
— 105	168	260,4	3,840	— 48	225	381,4	2,622
— 104	169	262,4	3,812	— 47	226	383,7	2,607
— 103	170	264,4	3,783	— 46	227	385,9	2,591

Zahlentafel 16. *Funktionswerte* τ *und* $\dfrac{1000}{\tau}$ (Fortsetzung).

$t\,°C$	$T\,°K$	τ	$\dfrac{1000}{\tau}$	$t\,°C$	$T\,°K$	τ	$\dfrac{1000}{\tau}$
— 45	228	388,2	2,576	13	286	526,4	1,900
— 44	229	390,5	2,561	14	287	528,9	1,891
— 43	230	392,8	2,547	15	288	531,4	1,882
— 42	231	395,0	2,532	16	289	533,9	1,873
— 41	232	397,3	2,517	17	290	536,4	1,864
— 40	233	399,6	2,503	18	291	539,0	1,856
— 39	234	401,9	2,489	19	292	541,5	1,847
— 38	235	404,2	2,475	20	293	544,0	1,838
— 37	236	406,4	2,461	21	294	546,5	1,830
— 36	237	408,7	2,447	22	295	549,1	1,821
— 35	238	411,0	2,433	23	296	551,6	1,813
— 34	239	413,3	2,420	24	297	554,2	1,805
— 33	240	415,6	2,406	25	298	556,7	1,796
— 32	241	418,0	2,393	26	299	559,3	1,788
— 31	242	420,3	2,380	27	300	561,8	1,780
— 30	243	422,6	2,366	28	301	564,4	1,772
— 29	244	424,9	2,354	29	302	566,9	1,764
— 28	245	427,3	2,341	30	303	569,5	1,756
— 27	246	429,6	2,328	31	304	572,1	1,748
— 26	247	432,0	2,315	32	305	574,7	1,740
— 25	248	434,3	2,303	33	306	577,2	1,732
— 24	249	436,7	2,291	34	307	579,8	1,725
— 23	250	439,0	2,278	35	308	582,4	1,717
— 22	251	441,4	2,266	36	309	585,0	1,709
— 21	252	443,7	2,254	37	310	587,6	1,702
— 20	253	446,1	2,242	38	311	590,2	1,694
— 19	254	448,5	2,230	39	312	592,8	1,687
— 18	255	450,9	2,219	40	313	595,4	1,679
— 17	256	453,2	2,207	41	314	598,0	1,672
— 16	257	455,6	2,195	42	315	600,6	1,665
— 15	258	458,0	2,184	43	316	603,3	1,658
— 14	259	460,4	2,172	44	317	605,9	1,651
— 13	260	462,8	2,161	45	318	608,5	1,643
— 12	261	465,1	2,150	46	319	611,1	1,636
— 11	262	467,5	2,139	47	320	613,8	1,629
— 10	263	469,9	2,128	48	321	616,4	1,622
— 9	264	472,3	2,117	49	322	619,1	1,615
— 8	265	474,7	2,107	50	323	621,7	1,608
— 7	266	477,2	2,096	51	324	624,4	1,602
— 6	267	479,6	2,085	52	325	627,0	1,595
— 5	268	482,0	2,075	53	326	629,7	1,588
— 4	269	484,4	2,064	54	327	632,3	1,581
— 3	270	486,9	2,054	55	328	635,0	1,575
— 2	271	489,3	2,044	56	329	637,7	1,568
— 1	272	491,8	2,034	57	330	640,4	1,562
0	273	494,2	2,023	58	331	643,0	1,555
1	274	496,7	2,013	59	332	645,7	1,549
2	275	499,1	2,004	60	333	648,4	1,542
3	276	501,6	1,994	61	334	651,1	1,536
4	277	504,0	1,984	62	335	653,8	1,530
5	278	506,5	1,974	63	336	656,5	1,523
6	279	509,0	1,965	64	337	659,2	1,517
7	280	511,5	1,955	65	338	661,9	1,511
8	281	513,9	1,946	66	339	664,6	1,505
9	282	516,4	1,936	67	340	667,3	1,499
10	283	518,9	1,927	68	341	670,1	1,492
11	284	521,4	1,918	69	342	672,8	1,486
12	285	523,9	1,909	70	343	675,5	1,480

Table 16. *Values of the Functions τ and $\dfrac{1000}{\tau}$* (Continued).

t °C	T °K	τ	$\dfrac{1000}{\tau}$	t °C	T °K	τ	$\dfrac{1000}{\tau}$
71	344	678,2	1,474	129	402	843,3	1,186
72	345	681,0	1,469	130	403	846,3	1,182
73	346	683,7	1,463	131	404	849,3	1,178
74	347	686,5	1,457	132	405	852,3	1,173
75	348	689,2	1,451	133	406	855,2	1,169
76	349	692,0	1,445	134	407	858,2	1,165
77	350	694,7	1,440	135	408	861,2	1,161
78	351	697,5	1,434	136	409	864,2	1,157
79	352	700,2	1,428	137	410	867,2	1,153
80	353	703,0	1,423	138	411	870,1	1,149
81	354	705,8	1,417	139	412	873,1	1,145
82	355	708,6	1,411	140	413	876,1	1,141
83	356	711,3	1,406	141	414	879,1	1,138
84	357	714,1	1,400	142	415	882,1	1,134
85	358	716,9	1,395	143	416	885,2	1,130
86	359	719,7	1,390	144	417	888,2	1,126
87	360	722,5	1,384	145	418	891,2	1,122
88	361	725,3	1,379	146	419	894,2	1,118
89	362	728,1	1,374	147	420	897,3	1,115
90	363	730,9	1,368	148	421	900,3	1,111
91	364	733,7	1,363	149	422	903,4	1,107
92	365	736,5	1,358	150	423	906,4	1,103
93	366	739,3	1,353	151	424	909,5	1,100
94	367	742,1	1,348	152	425	912,5	1,096
95	368	744,9	1,342	153	426	915,6	1,092
96	369	747,7	1,337	154	427	918,6	1,089
97	370	750,6	1,332	155	428	921,7	1,085
98	371	753,4	1,327	156	429	924,8	1,081
99	372	756,3	1,322	157	430	927,9	1,078
100	373	759,1	1,317	158	431	930,9	1,074
101	374	762,0	1,312	159	432	924,0	1,071
102	375	764,8	1,308	160	433	937,1	1,067
103	376	767,7	1,303	161	434	940,2	1,064
104	377	770,5	1,298	162	435	943,3	1,060
105	378	773,4	1,293	163	436	946,4	1,057
106	379	776,3	1,288	164	437	949,5	1,053
107	380	779,2	1,284	165	438	952,6	1,050
108	381	782,0	1,279	166	439	955,7	1,046
109	382	784,9	1,274	167	440	958,8	1,043
110	383	787,8	1,269	168	441	961,9	1,040
111	384	790,7	1,265	169	442	965,0	1,036
112	385	793,6	1,260	170	443	968,1	1,033
113	386	796,5	1,256	171	444	971,2	1,030
114	387	799,4	1,251	172	445	974,4	1,026
115	388	802,3	1,247	173	446	977,5	1,023
116	389	805,2	1,242	174	447	980,7	1,020
117	390	808,1	1,238	175	448	983,8	1,016
118	391	811,0	1,233	176	449	987,0	1,013
119	392	813,9	1,229	177	450	990,1	1,010
120	393	816,8	1,224	178	451	993,3	1,007
121	394	819,7	1,220	179	452	996,4	1,004
122	395	822,7	1,216	180	453	999,6	1,000
123	396	825,6	1,211	181	454	1002,8	0,9973
124	397	828,6	1,207	182	455	1006,0	0,9941
125	398	831,5	1,203	183	456	1009,1	0,9910
126	399	834,5	1,198	184	457	1012,3	0,9878
127	400	837,4	1,194	185	458	1015,5	0,9847
128	401	840,4	1,190	186	459	1018,7	0,9816

6*

Zahlentafel 16. *Funktionswerte τ und $\dfrac{1000}{\tau}$* (Fortsetzung).

$t\,°\text{C}$	$T\,°\text{K}$	τ	$\dfrac{1000}{\tau}$	$t\,°\text{C}$	$T\,°\text{K}$	τ	$\dfrac{1000}{\tau}$
187	460	1021,9	0,9786	245	518	1215,2	0,8229
188	461	1025,2	0,9755	246	519	1218,7	0,8206
189	462	1028,4	0,9725	247	520	1222,2	0,8183
190	463	1031,6	0,9694	248	521	1225,6	0,8159
191	464	1034,8	0,9664	249	522	1229,1	0,8136
192	465	1038,0	0,9634	250	523	1232,6	0,8113
193	466	1041,3	0,9605	251	524	1236,1	0,8090
194	467	1044,5	0,9575	252	525	1239,6	0,8067
195	468	1047,7	0,9545	253	526	1243,1	0,8045
196	469	1050,9	0,9516	254	527	1246,6	0,8022
197	470	1054,2	0,9487	255	528	1250,1	0,7999
198	471	1057,4	0,9457	256	529	1253,6	0,7977
199	472	1060,7	0,9428	257	530	1257,2	0,7955
200	473	1063,9	0,9399	258	531	1260,7	0,7932
201	474	1067,2	0,9371	259	532	1264,3	0,7910
202	475	1070,5	0,9342	260	533	1267,8	0,7888
203	476	1073,7	0,9314	261	534	1271,4	0,7866
204	477	1077,0	0,9285	262	535	1274,9	0,7844
205	478	1080,3	0,9257	263	536	1278,5	0,7823
206	479	1083,6	0,9229	264	537	1282,0	0,7801
207	480	1086,9	0,9201	265	538	1285,6	0,7779
208	481	1090,1	0,9174	266	539	1289,2	0,7758
209	482	1093,4	0,9146	267	540	1292,8	0,7736
210	483	1096,7	0,9118	268	541	1296,3	0,7715
211	484	1100,0	0,9091	269	542	1299,9	0,7693
212	485	1103,3	0,9064	270	543	1303,5	0,7672
213	486	1106,7	0,9036	271	544	1307,1	0,7651
214	487	1110,0	0,9009	272	545	1310,7	0,7630
215	488	1113,3	0,8982	273	546	1214,3	0,7609
216	489	1116,6	0,8956	274	547	1317,9	0,7588
217	490	1120,0	0,8929	275	548	1321,5	0,7567
218	491	1123,3	0,8903	276	549	1325,1	0,7547
219	492	1126,7	0,8876	277	550	1328,8	0,7526
220	493	1130,0	0,8850	278	551	1332,4	0,7506
221	494	1133,4	0,8824	279	552	1336,1	0,7485
222	495	1136,7	0,8798	280	553	1339,7	0,7465
223	496	1140,1	0,8772	281	554	1343,4	0,7445
224	497	1143,4	0,8746	282	555	1347,0	0,7425
225	498	1146,8	0,8720	283	556	1350,7	0,7404
226	499	1150,2	0,8695	284	557	1354,3	0,7384
227	500	1153,6	0,8669	285	558	1358,0	0,7364
228	501	1156,9	0,8644	286	559	1361,7	0,7344
229	502	1160,3	0,8618	287	560	1365,4	0,7324
230	503	1163,7	0,8593	288	561	1369,1	0,7305
231	504	1167,1	0,8568	289	562	1372,8	0,7285
232	505	1170,5	0,8543	290	563	1376,5	0,7265
233	506	1174,0	0,8519	291	564	1380,2	0,7246
234	507	1177,4	0,8494	292	565	1383,9	0,7226
235	508	1180,8	0,8469	293	566	1387,7	0,7207
236	509	1184,2	0,8445	294	567	1391,4	0,7187
237	510	1187,6	0,8421	295	568	1395,1	0,7168
238	511	1191,1	0,8396	296	569	1398,8	0,7149
239	512	1194,5	0,8372	297	570	1402,6	0,7130
240	513	1197,9	0,8348	298	571	1406,3	0,7111
241	514	1201,4	0,8324	299	572	1410,1	0,7092
242	515	1204,8	0,8300	300	573	1413,8	0,7073
243	516	1208,3	0,8277	301	574	1417,6	0,7054
244	517	1211,7	0,8253	302	575	1421,4	0,7036

Table 16. *Values of the Functions* τ *and* $\dfrac{1000}{\tau}$ (Continued).

$t\,°\mathrm{C}$	$T\,°\mathrm{K}$	τ	$\dfrac{1000}{\tau}$	$t\,°\mathrm{C}$	$T\,°\mathrm{K}$	τ	$\dfrac{1000}{\tau}$
303	576	1425,1	0,7017	361	634	1655,1	0,6042
304	577	1428,9	0,6999	362	635	1659,3	0,6027
305	578	1432,7	0,6980	363	636	1663,4	0,6011
306	579	1436,5	0,6962	364	637	1667,6	0,5996
307	580	1440,3	0,6943	365	638	1671,8	0,5981
308	581	1444,1	0,6925	366	639	1676,0	0,5966
309	582	1447,9	0,6906	367	640	1680,2	0,5951
310	583	1451,7	0,6888	368	641	1684,5	0,5937
311	584	1455,5	0,6870	369	642	1688,7	0,5922
312	585	1459,4	0,6852	370	643	1692,9	0,5907
313	586	1463,2	0,6834	371	644	1697,2	0,5892
314	587	1467,1	0,6816	372	645	1701,4	0,5878
315	588	1470,9	0,6798	373	646	1705,7	0,5863
316	589	1474,8	0,6780	374	647	1709,9	0,5849
317	590	1478,7	0,6763	375	648	1714,2	0,5834
318	591	1482,5	0,6745	376	649	1718,5	0,5820
319	592	1486,4	0,6728	377	650	1722,8	0,5805
320	593	1490,3	0,6710	378	651	1727,0	0,5791
321	594	1494,2	0,6693	379	652	1731,3	0,5776
322	595	1498,1	0,6675	380	653	1735,6	0,5762
323	596	1502,0	0,6658	381	654	1739,9	0,5748
324	597	1505,9	0,6640	382	655	1744,2	0,5734
325	598	1509,8	0,6623	383	656	1748,6	0,5719
326	599	1513,7	0,6606	384	657	1752,9	0,5705
327	600	1517,7	0,6589	385	658	1757,2	0,5691
328	601	1521,6	0,6572	386	659	1761,6	0,5677
329	602	1525,6	0,6555	387	660	1765,9	0,5663
330	603	1529,5	0,6538	388	661	1770,3	0,5649
331	604	1533,5	0,6521	389	662	1774,6	0,5635
332	605	1537,4	0,6505	390	663	1779,0	0,5621
333	606	1541,4	0,6488	391	664	1783,4	0,5607
334	607	1545,3	0,6472	392	665	1787,8	0,5593
335	608	1549,3	0,6455	393	666	1792,2	0,5580
336	609	1553,3	0,6439	394	667	1796,6	0,5566
337	610	1557,3	0,6422	395	668	1801,0	0,5552
338	611	1561,3	0,6406	396	669	1805,5	0,5539
339	612	1565,3	0,6389	397	670	1809,9	0,5525
340	613	1569,3	0,6373	398	671	1814,4	0,5512
341	614	1573,3	0,6357	399	672	1818,8	0,5498
342	615	1577,3	0,6341	400	673	1823,3	0,5485
343	616	1581,4	0,6324	401	674	1827,8	0,5472
344	617	1585,4	0,6308	402	675	1832,3	0,5458
345	618	1589,4	0,6292	403	676	1836,8	0,5445
346	619	1593,5	0,6276	404	677	1841,3	0,5431
347	620	1597,5	0,6260	405	678	1845,8	0,5418
348	621	1601,6	0,6244	406	679	1850,3	0,5405
349	622	1605,6	0,6228	407	680	1854,9	0,5392
350	623	1609,7	0,6212	408	681	1859,4	0,5378
351	624	1613,8	0,6196	409	682	1864,0	0,5365
352	625	1617,9	0,6181	410	683	1868,5	0,5352
353	626	1622,0	0,6165	411	684	1873,1	0,5339
354	627	1626,1	0,6150	412	685	1877,7	0,5326
355	628	1630,2	0,6134	413	686	1882,2	0,5313
356	629	1634,3	0,6119	414	687	1886,8	0,5300
357	630	1638,5	0,6103	415	688	1891,4	0,5287
358	631	1642,6	0,6088	416	689	1896,0	0,5274
359	632	1646,8	0,6072	417	690	1900,7	0,5261
360	633	1650,9	0,6057	418	691	1905,3	0,5249

Zahlentafel 16. *Funktionswerte τ und $\dfrac{1000}{\tau}$* (Fortsetzung).

$t\,°C$	$T\,°K$	τ	$\dfrac{1000}{\tau}$	$t\,°C$	$T\,°K$	τ	$\dfrac{1000}{\tau}$
419	692	1910,0	0,5236	477	750	2196,9	0,4552
420	693	1914,6	0,5223	478	751	2202,1	0,4541
421	694	1919,3	0,5210	479	752	2207,4	0,4530
422	695	1924,0	0,5198	480	753	2212,7	0,4519
423	696	1928,6	0,5185	481	754	2218,0	0,4508
424	697	1933,3	0,5173	482	755	2223,4	0,4497
425	698	1938,0	0,5160	483	756	2228,7	0,4487
426	699	1942,7	0,5148	484	757	2234,1	0,4476
427	700	1947,4	0,5135	485	758	2239,4	0,4465
428	701	1952,2	0,5123	486	759	2244,8	0,4454
429	702	1956,9	0,5110	487	760	2250,2	0,4444
430	703	1961,6	0,5098	488	761	2255,6	0,4433
431	704	1966,4	0,5086	489	762	2261,0	0,4423
432	705	1971,2	0,5074	490	763	2266,4	0,4412
433	706	1975,9	0,5061	491	764	2271,9	0,4402
434	707	1980,7	0,5049	492	765	2277,4	0,4391
435	708	1985,5	0,5037	493	766	2282,8	0,4381
436	709	1990,3	0,5025	494	767	2288,3	0,4370
437	710	1995,2	0,5013	495	768	2293,8	0,4360
438	711	2000,0	0,5000	496	769	2299,3	0,4350
439	712	2004,9	0,4988	497	770	2304,9	0,4339
440	713	2009,7	0,4976	498	771	2310,4	0,4329
441	714	2014,6	0,4964	499	772	2316,0	0,4318
442	715	2019,5	0,4952	500	773	2321,5	0,4308
443	716	2024,3	0,4940	501	774	2327,1	0,4298
444	717	2029,2	0,4928	502	775	2332,7	0,4287
445	718	2034,1	0,4916	503	776	2338,3	0,4277
446	719	2039,0	0,4904	504	777	2343,9	0,4266
447	720	2044,0	0,4892	505	778	2349,5	0,4256
448	721	2048,9	0,4881	506	779	2355,2	0,4246
449	722	2053,9	0,4869	507	780	2360,9	0,4236
450	723	2058,8	0,4857	508	781	2366,5	0,4225
451	724	2063,8	0,4845	509	782	2372,2	0,4215
452	725	2068,8	0,4834	510	783	2377,9	0,4205
453	726	2073,7	0,4822	511	784	2383,7	0,4195
454	727	2078,7	0,4811	512	785	2389,4	0,4185
455	728	2083,7	0,4799	513	786	2395,2	0,4175
456	729	2088,7	0,4788	514	787	2400,9	0,4165
457	730	2093,8	0,4776	515	788	2406,7	0,4155
458	731	2098,8	0,4765	516	789	2412,5	0,4145
459	732	2103,9	0,4753	517	790	2418,4	0,4135
460	733	2108,9	0,4742	518	791	2424,2	0,4125
461	734	2114,0	0,4731	519	792	2430,1	0,4115
462	735	2119,1	0,4719	520	793	2435,9	0,4105
463	736	2124,1	0,4708	521	794	2441,8	0,4095
464	737	2129,2	0,4696	522	795	2447,7	0,4085
465	738	2134,3	0,4685	523	796	2453,6	0,4076
466	739	2139,5	0,4674	524	797	2459,5	0,4066
467	740	2144,6	0,4663	525	798	2465,4	0,4056
468	741	2149,8	0,4651	526	799	2471,4	0,4046
469	742	2154,9	0,4640	527	800	2477,4	0,4036
470	743	2160,1	0,4629	528	801	2483,3	0,4027
471	744	2165,3	0,4618	529	802	2489,3	0,4017
472	745	2170,6	0,4607	530	803	2495,3	0,4007
473	746	2175,8	0,4596	531	804	2501,4	0,3997
474	747	2181,1	0,4585	532	805	2507,5	0,3988
475	748	2186,3	0,4574	533	806	2513,5	0,3978
476	749	2191,6	0,4563	534	807	2519,6	0,3969

Table 16. *Values of the Functions* τ *and* $\dfrac{1000}{\tau}$ (Continued).

$t\,°C$	$T\,°K$	τ	$\dfrac{1000}{\tau}$	$t\,°C$	$T\,°K$	τ	$\dfrac{1000}{\tau}$
535	808	2525,7	0,3959	568	841	2737,0	0,3654
536	809	2531,9	0,3949	569	842	2743,7	0,3645
537	810	2538,0	0,3940	570	843	2750,4	0,3636
538	811	2544,2	0,3930	571	844	2757,2	0,3627
539	812	2550,3	0,3921	572	845	2764,0	0,3618
540	813	2556,5	0,3911	573	846	2770,8	0,3609
541	814	2562,7	0,3902	574	847	2777,6	0,3600
542	815	2569,0	0,3892	575	848	2784,4	0,3591
543	816	2575,2	0,3883	576	849	2791,3	0,3582
544	817	2581,5	0,3873	577	850	2798,2	0,3573
545	818	2587,7	0,3864	578	851	2805,2	0,3565
546	819	2594,0	0,3855	579	852	2812,1	0,3556
547	820	2600,3	0,3846	580	853	2819,0	0,3547
548	821	2606,7	0,3836	581	854	2826,0	0,3538
549	822	2613,0	0,3827	582	855	2833,0	0,3530
550	823	2619,3	0,3818	583	856	2840,1	0,3521
551	824	2625,7	0,3809	584	857	2847,1	0,3512
552	825	2632,1	0,3800	585	858	2854,1	0,3504
553	826	2638,6	0,3790	586	559	2861,2	0,3495
554	827	2645,0	0,3781	587	860	2868,3	0,3487
555	828	2651,4	0,3772	588	861	2875,5	0,3478
556	829	2657,9	0,3763	589	862	2882,6	0,3470
557	830	2664,4	0,3754	590	863	2889,7	0,3461
558	831	2670,9	0,3744	591	864	2896,9	0,3452
559	832	2677,4	0,3735	592	865	2904,2	0,3444
560	833	2683,9	0,3726	593	866	2911,4	0,3435
561	834	2690,5	0,3717	594	867	2918,7	0,3427
562	835	2697,1	0,3708	595	868	2925,9	0,3418
563	836	2703,7	0,3699	596	869	2933,3	0,3409
564	837	2710,3	0,3690	597	870	2940,7	0,3401
565	838	2716,9	0,3681	598	871	2948,0	0,3392
566	839	2723,6	0,3672	599	872	2955,4	0,3384
567	840	2730,3	0,3663	600	873	2962,8	0,3375

Zahlentafel 17. *Flüssigkeitswärmen i paraffinischer, durch den Siedepunkt t_a gekennzeichneter Kohlenwasserstoffe in cal/mol bzw. kcal/kmol.*

$t_a \triangleq \sigma$ \ $t\,°\mathrm{C}$	0	10	20	30	40	50	60	70	80	90	100
0	0	319	647	983	1 328	1 682	2 044	2 415	2 794	3 182	3 579
10	0	335	678	1 031	1 392	1 762	2 141	2 529	2 926	3 332	3 747
20	0	351	712	1 081	1 460	1 848	2 245	2 651	3 066	3 490	3 924
30	0	368	744	1 131	1 526	1 932	2 346	2 770	3 203	3 646	4 098
40	0	386	782	1 188	1 604	2 028	2 463	2 908	3 362	3 826	4 299
50	0	405	819	1 244	1 678	2 123	2 577	3 043	3 518	4 002	4 497
60	0	423	857	1 301	1 756	2 221	2 697	3 182	3 679	4 185	4 703
70	0	443	896	1 361	1 836	2 322	2 819	3 327	3 845	4 377	4 915
80	0	463	937	1 423	1 920	2 428	2 948	3 479	4 021	4 574	5 139
90	0	484	980	1 488	2 008	2 539	3 083	3 638	4 202	4 783	5 373
100	0	507	1 026	1 557	2 100	2 656	3 223	3 804	4 396	5 001	5 617
110	0	530	1 073	1 627	2 196	2 777	3 370	3 977	4 596	5 227	5 872
120	0	554	1 122	1 702	2 296	2 903	3 523	4 157	4 803	5 463	6 136
130	0	578	1 170	1 776	2 396	3 030	3 677	4 338	5 013	5 702	6 404
140	0	603	1 221	1 853	2 500	3 161	3 836	4 526	5 230	5 949	6 682
150	0	630	1 274	1 934	2 608	3 298	4 002	4 722	5 456	6 206	6 970
160	0	657	1 329	2 017	2 720	3 439	4 174	4 924	5 690	6 471	7 268
170	0	685	1 386	2 103	2 836	3 586	4 351	5 133	5 931	6 746	7 576
180	0	714	1 444	2 192	2 956	3 737	4 535	5 350	6 182	7 031	7 897
190	0	743	1 505	2 284	3 080	3 894	4 726	5 575	6 442	7 326	8 228
200	0	775	1 567	2 378	3 208	4 056	4 922	5 806	6 708	7 629	8 569
210	0	809	1 636	2 483	3 348	4 233	5 136	6 059	7 000	7 961	8 940
220	0	840	1 701	2 580	3 480	4 399	5 338	6 297	7 275	8 273	9 291
230	0	874	1 769	2 684	3 620	4 576	5 553	6 550	7 568	8 606	9 665
240	0	910	1 841	2 794	3 768	4 763	5 780	6 817	7 876	8 957	10 059
250	0	947	1 916	2 907	3 920	4 955	6 012	7 092	8 193	9 317	10 462
260	0	985	1 993	3 024	4 078	5 155	6 255	7 378	8 524	9 693	10 885
270	0	1 025	2 073	3 146	4 282	5 362	6 506	7 674	8 866	10 082	11 322
280	0	1 066	2 156	3 272	4 412	5 577	6 766	7 981	9 221	10 485	11 774
290	0	1 108	2 241	3 401	4 586	5 797	7 034	8 296	9 585	10 899	12 239
300	0	1 151	2 329	3 534	4 766	6 025	7 310	8 622	9 961	11 327	12 719
310	0	1 196	2 419	3 671	4 950	6 257	7 592	8 954	10 345	11 763	13 209
320	0	1 241	2 511	3 810	5 138	6 495	7 890	9 294	10 737	12 209	13 709
330	0	1 287	2 604	3 951	5 328	6 735	8 171	9 637	11 133	12 659	14 214
340	0	1 334	2 698	4 094	5 520	6 977	8 465	9 984	11 534	13 115	14 727
350	0	1 380	2 792	4 236	5 712	7 220	8 759	10 331	11 934	13 569	15 237
360	0	1 427	2 887	4 380	5 906	7 465	9 057	10 682	12 340	14 031	15 755
370	0	1 474	2 983	4 525	6 102	7 713	9 357	11 036	12 749	14 496	16 278
380	0	1 522	3 080	4 672	6 300	7 963	9 661	11 395	13 163	14 967	16 806
390	0	1 572	3 180	4 824	6 505	8 222	9 975	11 764	13 590	15 452	17 351
400	0	1 619	3 275	4 969	6 700	8 469	10 274	12 118	13 998	15 917	17 872

Table 17. *Enthalpy (cal/mol or kcal/kmol) of Liquid Paraffin Hydrocarbons which are defined by their Boiling Points t_a at 1 ata (= 1 kg/cm² abs.).*

M	110	120	130	140	150	160	170	180	190	200	t °C $t_a \triangleq \sigma$
58,68	3 985	4 399	4 821	5 253	5 693	6 141	6 599	7 075	7 539	8 022	0
62,19	4 170	4 603	5 044	5 494	5 953	6 421	6 898	7 384	7 879	8 382	10
65,84	4 366	4 818	5 279	5 748	6 227	6 716	7 213	7 719	8 235	8 759	20
69,62	4 560	5 030	5 511	6 000	6 500	7 008	7 526	8 053	8 590	9 136	30
73,55	4 783	5 275	5 778	6 291	6 813	7 345	7 886	8 438	8 999	9 570	40
77,62	5 002	5 518	6 043	6 578	7 123	7 678	8 244	8 819	9 404	10 000	50
81,96	5 230	5 768	6 317	6 875	7 445	8 024	8 614	9 215	9 826	10 447	60
86,45	5 466	6 028	6 600	7 184	7 778	8 384	9 000	9 626	10 264	10 913	70
91,08	5 715	6 303	6 902	7 512	8 133	8 766	9 410	10 065	10 732	11 410	80
95,85	5 976	6 589	7 215	7 853	8 502	9 163	9 836	10 520	11 217	11 925	90
100,76	6 247	6 888	7 542	8 207	8 886	9 576	10 279	10 993	11 721	12 460	100
105,81	6 529	7 199	7 882	8 577	9 285	10 006	10 740	11 486	12 245	13 017	110
111,00	6 822	7 522	8 234	8 960	9 699	10 451	11 217	11 995	12 787	13 592	120
116,47	7 120	7 850	8 594	9 352	10 124	10 909	11 708	12 521	13 348	14 188	130
122,08	7 429	8 191	8 967	9 758	10 563	11 382	12 216	13 064	13 927	14 804	140
127,83	7 750	8 544	9 354	10 178	11 018	11 872	12 742	13 626	14 526	15 440	150
133,72	8 081	8 909	9 753	10 612	11 487	12 378	13 284	14 206	15 143	16 096	160
139,89	8 422	9 286	10 165	11 060	11 972	12 899	13 843	14 803	15 780	16 772	170
146,20	8 779	9 679	10 595	11 528	12 479	13 446	14 430	15 431	16 448	17 483	180
152,67	9 148	10 085	11 040	12 012	13 002	14 010	15 035	16 078	17 138	18 216	190
159,39	9 526	10 502	11 496	12 508	13 539	14 588	15 655	16 741	17 845	18 967	200
166,40	9 939	10 956	11 993	13 048	14 123	15 216	16 329	17 460	18 611	19 780	210
173,69	10 328	11 385	12 462	13 558	14 675	15 810	16 966	18 141	19 336	20 551	220
181,13	10 744	11 843	12 964	14 104	15 265	16 447	17 649	18 872	20 115	21 379	230
188,84	11 182	12 326	13 491	14 678	15 887	17 116	18 367	19 639	20 932	22 247	240
196,84	11 630	12 820	14 032	15 266	16 523	17 801	19 101	20 424	21 768	23 135	250
205,11	12 100	13 338	14 599	15 883	17 190	18 520	19 873	21 249	22 648	24 070	260
213,67	12 585	13 873	15 184	16 519	17 879	19 262	20 669	22 100	23 554	25 033	270
222,50	13 087	14 426	15 790	17 178	18 591	20 029	21 491	22 979	24 491	26 028	280
231,62	13 605	14 996	16 414	17 857	19 326	20 821	22 341	23 888	25 460	27 058	290
240,88	14 138	15 584	17 057	18 557	20 084	21 637	23 217	24 824	26 458	28 118	300
250,28	14 683	16 184	17 714	19 271	20 856	22 469	24 109	25 778	27 474	29 198	310
259,95	15 238	16 796	18 383	19 999	21 644	23 317	25 019	26 750	28 510	30 298	320
269,77	15 799	17 414	19 059	20 734	22 439	24 173	25 937	27 731	29 555	31 408	330
279,73	16 369	18 043	19 747	21 482	23 247	25 046	26 874	28 733	30 622	32 543	340
289,83	16 936	18 667	20 430	22 224	24 054	25 910	27 800	29 723	31 677	33 663	350
300,07	17 512	19 302	21 125	22 981	24 870	26 792	28 747	30 735	32 756	34 810	360
310,45	18 093	19 942	21 826	23 743	25 695	27 681	29 701	31 755	33 843	35 965	370
320,97	18 680	20 590	22 534	24 514	26 529	28 579	30 665	32 785	34 941	37 132	380
331,63	19 285	21 256	23 264	25 307	27 387	29 503	31 656	33 845	36 070	38 331	390
342,43	19 865	21 895	23 963	26 068	28 210	30 390	32 608	34 862	37 154	39 484	400

Zahlentafel 17. *Flüssigkeitswärmen* (Fortsetzung)

$t_a \triangleq \sigma$ \ $t °\mathrm{C}$	200	210	220	230	240	250	260	270	280	290	300
0	8 022										
10	8 382	8 895									
20	8 759	9 293	9 836								
30	9 136	9 692	10 256	10 831							
40	9 570	10 150	10 740	11 340	11 949						
50	10 000	10 605	11 221	11 847	12 482	13 128					
60	10 447	11 079	11 721	12 374	13 037	13 710	14 394				
70	10 913	11 572	12 242	12 923	13 615	14 318	15 031	15 756			
80	11 410	12 099	12 799	13 511	14 234	14 969	15 715	16 472	17 240		
90	11 925	12 645	13 376	14 120	14 875	15 642	16 421	17 212	18 014	18 828	
100	12 460	13 212	13 975	14 752	15 540	16 341	17 153	17 978	18 816	19 665	20 527
110	13 017	13 801	14 598	15 408	16 232	17 067	17 915	18 776	19 649	20 535	21 435
120	13 592	14 410	15 242	16 086	16 944	17 815	18 699	19 597	20 507	21 431	22 368
130	14 188	15 042	15 910	16 792	17 688	18 598	19 521	20 458	21 409	22 374	23 352
140	14 804	15 695	16 601	17 521	18 456	19 405	20 368	21 346	22 338	23 345	24 366
150	15 440	16 370	17 314	18 274	19 248	20 238	21 242	22 262	23 296	24 346	25 410
160	16 096	17 065	18 049	19 049	20 064	21 095	22 142	23 204	24 282	25 375	26 484
170	16 772	17 780	18 806	19 847	20 904	21 978	23 067	24 173	25 295	26 434	27 588
180	17 483	18 525	19 603	20 689	21 791	22 910	24 046	25 199	26 369	27 556	28 760
190	18 216	19 312	20 425	21 556	22 704	23 870	25 053	26 255	27 474	28 710	29 964
200	18 967	20 108	21 266	22 443	23 639	24 853	26 085	27 335	28 603	29 890	31 196
210	19 780	20 969	22 176	23 403	24 648	25 913	27 196	28 499	29 820	31 161	32 520
220	20 551	21 785	23 040	24 313	25 607	26 920	28 253	29 606	30 978	32 370	33 782
230	21 379	22 663	23 968	25 293	26 639	28 005	29 392	30 799	32 227	33 675	35 144
240	22 247	23 583	24 940	26 319	27 719	29 140	30 583	32 046	33 531	35 038	36 566
250	23 135	24 524	25 935	27 368	28 823	30 300	31 799	33 321	34 864	36 430	38 018
260	24 070	25 515	26 983	28 474	29 988	31 525	33 085	34 668	36 274	37 903	39 555
270	25 033	26 536	28 062	29 612	31 187	32 785	34 407	36 053	37 723	39 417	41 135
280	26 028	27 590	29 176	30 789	32 424	34 085	35 770	37 481	39 217	40 977	42 762
290	27 058	28 682	30 331	32 007	33 708	35 436	37 188	38 966	40 771	42 601	44 457
300	28 118	29 805	31 519	33 260	35 028	36 823	38 644	40 492	42 367	44 269	46 197
310	29 198	30 950	32 729	34 537	36 372	38 235	40 126	42 044	43 991	45 965	47 967
320	30 298	32 115	33 961	35 836	37 740	39 673	41 634	43 624	45 643	47 691	49 767
330	31 408	33 291	35 204	37 147	39 120	41 123	43 155	45 217	47 309	49 431	51 582
340	32 543	34 495	36 477	38 491	40 535	42 610	44 716	46 853	49 021	51 220	53 450
350	33 663	35 681	37 731	39 813	41 927	44 072	46 250	48 460	50 701	52 974	55 280
360	34 810	36 897	39 017	41 170	43 356	45 575	47 827	50 112	52 430	54 781	57 165
370	35 965	38 121	40 312	42 536	44 795	47 088	49 414	51 775	54 170	56 599	59 062
380	37 132	39 358	41 620	43 916	46 248	48 615	51 017	53 455	55 927	58 435	60 978
390	38 331	40 629	42 963	45 333	47 740	50 183	52 662	55 177	57 729	60 317	62 942
400	39 484	41 851	44 255	46 697	49 176	51 693	54 246	56 838	59 466	62 133	64 836

Table 17. *Enthalpy* (Continued)

The upper block gives the definition $K_{UOP} = \dfrac{1{,}216}{\gamma \ \mathrm{g/cm^3}} \sqrt[3]{T_a \ {}^\circ\mathrm{K}}$ (vgl. Seite 19), with K_{UOP} / f_{UOP} pairs under the 350/360 and 380/390 columns:

M	K_{UOP}	f_{UOP}	K_{UOP}	f_{UOP}
58,68				
62,19	12,0	1,000	14,0	1,110
65,84	11,8	0,989	13,8	1,099
69,62	11,6	0,978	13,6	1,088
73,55	11,4	0,967	13,4	1,077
77,62	11,2	0,956	13,2	1,066
	11,0	0,945	13,0	1,055
81,96	10,8	0,934	12,8	1,044
86,45	10,6	0,923	12,6	1,033
91,08	10,4	0,912	**12,4**	**1,022**
95,85	10,2	0,901	12,2	1,011
100,76	10,0	0,890	12,0	1,000

M	310	320	330	340	350	360	370	380	390	400	$t\,^\circ\mathrm{C}$ / $t_a \cong \sigma$
105,81	22 346										110
111,00	23 318	24 282									120
116,47	24 344	25 350	26 370								130
122,08	25 401	26 451	27 515	28 594							140
127,83	26 490	27 584	28 694	29 818	**30 958**						150
133,72	27 609	28 749	29 905	31 076	**32 263**	33 466					160
139,89	28 759	29 946	31 149	32 368	**33 604**	34 855	36 123				170
146,20	29 980	31 218	32 472	33 743	**35 032**	36 337	37 658	38 998			180
152,67	31 236	32 525	33 832	35 156	**36 498**	37 858	39 235	40 630	42 042		190
159,39	32 519	33 861	35 221	36 599	**37 996**	39 411	40 844	42 296	43 766	**45 254**	200
166,40	33 899	35 296	36 713	38 148	**39 603**	41 076	42 569	44 080	45 611	**47 160**	210
173,69	35 213	36 664	38 135	39 625	**41 136**	42 665	44 215	45 784	47 373	**48 982**	220
181,13	36 633	38 142	39 673	41 223	**42 795**	44 386	45 998	47 631	49 284	**50 958**	230
188,84	38 115	39 685	41 276	42 889	**44 523**	46 179	47 856	49 554	51 273	**53 014**	240
196,84	39 627	41 260	42 913	44 589	**46 288**	48 008	49 750	51 515	53 301	**55 110**	250
205,11	41 230	42 928	44 649	46 393	**48 160**	49 950	51 763	53 599	55 458	**57 340**	260
213,67	42 876	44 642	46 431	48 244	**50 082**	51 943	53 828	55 737	57 669	**59 626**	270
222,50	44 572	46 406	48 266	50 150	**52 059**	53 993	55 951	57 935	59 943	**61 976**	280
231,62	46 339	48 246	50 180	52 139	**54 124**	56 135	58 171	60 234	62 322	**64 436**	290
240,88	48 152	50 134	52 143	54 179	**56 242**	58 331	60 447	62 590	64 760	**66 956**	300
250,28	49 997	52 054	54 140	56 253	**58 394**	60 563	62 759	64 984	67 236	**69 516**	310
259,95	51 872	54 006	56 169	58 361	**60 582**	62 831	65 109	67 416	69 752	**72 116**	320
269,77	53 763	55 974	58 215	60 486	**62 786**	65 117	67 477	69 867	72 287	**74 736**	330
279,73	55 710	58 002	60 324	62 677	**65 062**	67 477	69 923	72 400	74 907	**77 446**	340
289,83	57 617	59 986	62 387	64 819	**67 284**	69 781	72 309	74 870	77 462	**80 086**	350
300,07	59 582	62 032	64 515	67 031	**69 580**	72 162	74 777	77 425	80 106	**82 820**	360
310,45	61 560	64 091	66 657	69 256	**71 890**	74 558	77 260	79 996	82 766	**85 570**	370
320,97	63 556	66 170	68 818	71 502	**74 221**	76 975	79 765	82 589	85 449	**88 344**	380
331,63	65 602	68 299	71 033	73 802	**76 608**	79 450	82 329	85 244	88 195	**91 182**	390
342,43	67 577	70 355	73 171	76 024	**78 915**	81 842	84 808	87 810	90 851	**93 928**	400

84   Anhang.

Zahlentafel 18. *Verdampfungswärmen r paraffinischer, durch den Siedepunkt t_a gekennzeichneter Kohlenwasserstoffe in cal/mol bzw. kcal/kmol.*

$t_a \hat{=} \sigma$ \ $t°C$	0	10	20	30	40	50	60	70	80	90	100
0	5 400	5 300	5 170	5 040	4 900	4 770	4 620	4 460	4 290	4 100	3 880
10	5 110	5 600	5 480	5 350	5 220	5 080	4 930	4 770	4 610	4 430	4 220
20	6 040	5 930	5 800	5 670	5 550	5 400	5 260	5 110	4 940	4 780	4 600
30	6 350	6 250	6 130	6 000	5 870	5 730	5 600	5 430	5 280	5 120	4 940
40	6 700	6 580	6 470	6 340	6 220	6 080	5 940	5 800	5 640	5 480	5 320
50	7 020	6 900	6 800	6 660	6 540	6 400	6 260	6 120	5 960	5 810	5 640
60	7 350	7 230	7 120	7 000	6 860	6 730	6 600	6 450	6 310	6 150	5 980
70	7 720	7 610	7 490	7 370	7 250	7 120	6 970	6 830	6 680	6 540	6 380
80	8 010	7 890	7 780	7 660	7 530	7 400	7 270	7 130	6 690	6 840	6 680
90	8 350	8 230	8 110	7 980	7 870	7 730	7 620	7 470	7 330	7 180	7 030
100	8 690	8 570	8 450	8 320	8 200	8 070	7 940	7 810	7 670	7 520	7 380
110	9 030	8 910	8 790	8 670	8 550	8 420	8 280	8 140	8 010	7 870	7 720
120	9 400	9 280	9 160	9 030	8 910	8 780	8 660	8 510	8 380	8 240	8 100
130	9 750	9 630	9 510	9 390	9 260	9 140	9 000	8 870	8 730	8 590	8 440
140	10 180	10 040	9 910	9 780	9 640	9 510	9 370	9 240	9 110	8 950	8 810
150	10 500	10 380	10 250	10 130	10 000	9 870	9 730	9 600	9 460	9 320	9 150
160		10 720	10 600	10 470	10 340	10 210	10 090	9 940	9 800	9 670	9 520
170		11 060	10 940	10 830	10 690	10 570	10 440	10 300	10 160	10 010	9 860
180			11 350	11 220	11 080	10 940	10 820	10 680	10 540	10 390	10 250
190				11 620	11 490	11 350	11 200	11 060	10 910	10 760	10 610
200					11 880	11 740	11 600	11 450	11 300	11 160	11 000
210					12 270	12 130	11 980	11 840	11 680	11 520	11 350
220						12 510	12 380	12 220	12 070	11 930	11 780
230							12 740	12 600	12 440	12 290	12 140
240							13 170	13 020	12 860	12 710	12 550
250								13 390	13 240	13 070	12 910
260									13 630	13 480	13 310
270									14 050	13 890	13 730
280										14 320	14 160
290											14 620
300											
310											
320											
330											
340											
350											
360											
370											
380											
390											
400											

Table 18. *Latent Heat of Vaporization (cal/mol or kcal/kmol) of Paraffin Hydrocarbons which are defined by their Boiling Points t_a at 1 ata (= 1 kg/cm² abs.).*

M	110	120	130	140	150	160	170	180	190	200	$t\,°C$ / $t_a \cong \sigma$
58,68	3 630	3 320	2 930	2 420	1 500						0
62,19	3 980	3 740	3 450	3 080	2 600	1 770					10
65,84	4 390	4 170	3 920	3 630	3 270	2 830	2 080				20
69,62	4 760	4 560	4 330	4 080	3 800	3 450	3 010	2 420	970		30
73,55	5 130	4 950	4 740	4 520	4 270	3 970	3 630	3 220	2 620	1 500	40
77,62	5 470	5 280	5 100	4 870	4 650	4 400	4 100	3 730	3 290	2 710	50
81,96	5 810	5 630	5 440	5 240	5 020	4 770	4 510	4 200	3 870	3 430	60
86,45	6 200	6 040	5 850	5 640	5 430	5 200	4 950	4 690	4 380	4 040	70
91,08	6 530	6 370	6 180	5 980	5 780	5 560	5 330	5 080	4 800	4 490	80
95,85	6 870	6 710	6 540	6 370	6 150	5 950	5 730	5 490	5 250	4 950	90
100,76	7 220	7 060	6 900	6 720	6 520	6 320	6 120	5 880	5 630	5 360	100
105,81	7 570	7 410	7 240	7 070	6 880	6 700	6 480	6 270	6 030	5 780	110
111,00	7 930	7 780	7 630	7 440	7 280	7 070	6 880	6 670	6 440	6 200	120
116,47	8 280	8 120	7 960	7 800	7 620	7 420	7 230	7 020	6 810	6 580	130
122,08	8 660	8 500	8 340	8 170	7 990	7 810	7 610	7 410	7 210	7 000	140
127,83	9 000	8 850	8 700	8 520	8 350	8 170	7 980	7 780	7 590	7 370	150
133,72	9 370	9 220	9 060	8 890	8 710	8 540	8 360	8 160	7 950	7 750	160
139,89	9 720	9 560	9 390	9 240	9 060	8 880	8 710	8 500	8 310	8 100	170
146,20	10 100	9 940	9 780	9 620	9 440	9 270	9 100	8 900	8 700	8 490	180
152,67	10 440	10 290	10 130	9 960	9 800	9 620	9 440	9 260	9 080	8 870	190
159,39	10 850	10 690	10 530	10 360	10 190	10 010	9 830	9 640	9 450	9 250	200
166,40	11 200	11 040	10 890	10 710	10 560	10 370	10 190	10 000	9 820	9 630	210
173,69	11 610	11 440	11 280	11 120	10 940	10 770	10 590	10 410	10 220	10 020	220
181,13	11 980	11 820	11 660	11 490	11 320	11 150	10 960	10 780	10 590	10 380	230
188,84	12 400	12 240	12 080	11 920	11 730	11 560	11 370	11 200	11 000	10 810	240
196,84	12 750	12 590	12 420	12 250	12 090	11 910	11 730	11 550	11 370	11 170	250
205,11	13 150	13 000	12 830	12 660	12 490	12 310	12 140	11 950	11 770	11 580	260
213,67	13 560	13 380	13 220	13 040	12 860	12 680	12 500	12 320	12 130	11 940	270
222,50	14 000	13 830	13 660	13 490	13 310	13 130	12 940	12 760	12 570	12 370	280
231,62	14 460	14 300	14 130	13 940	13 760	13 580	13 400	13 210	13 030	12 830	290
240,88	14 840	14 670	14 500	14 320	14 150	13 970	13 780	13 600	13 400	13 190	300
250,28	15 230	15 060	14 880	14 710	14 520	14 330	14 160	13 970	13 780	13 580	310
259,95		15 470	15 290	15 130	14 950	14 770	14 590	14 400	14 200	14 000	320
269,77			15 750	15 560	15 380	15 190	15 000	14 800	14 600	14 400	330
279,73				16 010	15 830	15 640	15 450	15 250	15 050	14 840	340
289,83				16 450	16 270	16 090	15 880	15 680	15 480	15 280	350
300,07					16 650	16 460	16 270	16 080	15 880	15 680	360
310,45						16 930	16 740	16 550	16 350	16 150	370
320,97							17 250	17 060	16 850	16 650	380
331,63							17 710	17 510	17 310	17 100	390
342,43								18 000	17 800	17 590	400

Zahlentafel 18. *Verdampfungswärmen* (Fortsetzung).

$t_a \triangleq \sigma$ \\ $t°C$	200	210	220	230	240	250	260	270	280	290	300
0											
10											
20											
30											
40	**1 500**										
50	**2 710**	1 620									
60	**3 430**	2 850	1 800								
70	**4 040**	3 630	3 100	2 220							
80	**4 490**	4 150	3 730	3 200	2 360						
90	**4 950**	4 650	4 310	3 890	3 360	**2 560**					
100	**5 360**	5 080	4 780	4 420	4 000	**3 470**	2 660				
110	**5 780**	5 510	5 230	4 910	4 560	**4 140**	3 570	2 780			
120	**6 200**	5 950	5 690	5 420	5 090	**4 720**	4 270	3 700	2 920	800	
130	**6 580**	6 360	6 110	5 830	5 530	**5 200**	4 800	4 330	3 770	2 980	**400**
140	**7 000**	6 780	6 540	6 270	5 980	**5 670**	5 330	4 930	4 450	3 900	**3 110**
150	**7 370**	7 160	6 910	6 670	6 400	**6 110**	5 800	5 430	5 020	4 550	**3 950**
160	**7 750**	7 530	7 310	7 070	6 800	**6 530**	6 220	5 890	5 530	5 120	**4 630**
170	**8 100**	7 880	7 660	7 430	7 170	**6 910**	6 620	6 310	5 980	5 600	**5 170**
180	**8 490**	8 280	8 060	7 830	7 580	**7 320**	7 050	6 760	6 440	6 110	**5 727**
190	**8 870**	8 650	8 440	8 210	7 970	**7 730**	7 460	7 180	6 870	6 540	**6 190**
200	**9 250**	9 050	8 830	8 620	8 380	**8 140**	7 870	7 590	7 300	6 990	**6 670**
210	**9 630**	9 430	9 220	9 000	8 770	**8 530**	8 260	8 000	7 720	7 420	**7 100**
220	**10 020**	9 820	9 620	9 410	9 180	**8 940**	8 700	8 430	8 160	7 870	**7 570**
230	**10 380**	10 170	9 960	9 760	9 540	**9 320**	9 080	8 830	8 550	8 280	**7 990**
240	**10 810**	10 610	10 400	10 180	9 950	**9 750**	9 510	9 270	9 010	8 730	**8 460**
250	**11 170**	10 970	10 770	10 550	10 310	**10 120**	9 900	9 660	9 400	9 140	**8 860**
260	**11 580**	11 380	11 190	10 970	10 750	**10 530**	10 300	10 060	9 810	9 540	**9 270**
270	**11 940**	11 740	11 530	11 330	11 110	**10 880**	10 650	10 430	10 200	9 930	**9 660**
280	**12 370**	12 170	11 960	11 750	11 540	**11 320**	11 090	10 850	10 610	10 360	**10 100**
290	**12 830**	12 630	12 420	12 200	11 980	**11 760**	11 540	11 310	11 070	10 800	**10 560**
300	**13 190**	12 990	12 780	12 570	12 350	**12 130**	11 910	11 670	11 430	11 190	**10 930**
310	**13 580**	13 390	13 180	12 970	12 750	**12 530**	12 300	12 070	11 830	11 580	**11 330**
320	**14 000**	13 800	13 590	13 380	13 170	**12 940**	12 720	12 490	12 250	12 010	**11 760**
330	**14 400**	14 200	13 990	13 780	13 570	**13 350**	13 120	12 890	12 660	12 410	**12 160**
340	**14 840**	14 630	14 420	14 210	14 000	**13 790**	13 570	13 330	13 100	12 870	**12 620**
350	**15 280**	15 080	14 880	14 670	14 460	**14 240**	14 020	13 780	13 550	13 310	**13 060**
360	**15 680**	15 480	15 280	15 070	14 860	**14 640**	14 410	14 180	13 940	13 700	**13 450**
370	**16 150**	15 950	15 750	15 550	15 340	**15 110**	14 880	14 640	14 400	14 160	**13 910**
380	**16 650**	16 430	16 220	16 000	15 790	**15 570**	15 340	15 100	14 870	14 630	**14 380**
390	**17 100**	16 890	16 680	16 460	16 260	**16 030**	15 800	15 570	15 340	15 090	**14 830**
400	**17 590**	17 370	17 150	16 930	16 720	**16 490**	16 260	16 030	15 780	15 550	**15 300**

Table 18. *Latent Heat* (Continued).

M	310	320	330	340	**350**	360	370	380	390	**400**	$t°\,C$ $t_a \doteq \sigma$
58,68											0
62,19											10
65,84											20
69,62											30
73,55											40
77,62											50
81,96											60
86,45											70
91,08											80
95,85											90
100,76											100
105,81											110
111,00											120
116,47											130
122,08	1 250										140
127,83	3 140	1 250									150
133,72	4 020	3 170	1 050								160
139,89	4 690	4 050	3 220	1 050							170
146,20	5 270	4 750	4 140	3 290	**1 530**						180
152,67	5 800	5 370	4 860	4 260	**3 460**	1 940					190
159,39	6 300	5 910	5 450	4 930	**4 290**	3 500	1 950				200
166,40	6 750	6 390	5 980	5 500	**4 960**	4 300	3 420	1 350			210
173,69	7 240	6 900	6 520	6 110	**5 620**	5 080	4 430	3 530	1 650		220
181,13	7 660	7 340	6 990	6 620	**6 170**	5 680	5 120	4 470	3 560	**1 600**	230
188,84	8 160	7 850	7 500	7 140	**6 740**	6 310	5 820	5 230	4 540	**3 630**	240
196,84	8 570	8 250	7 930	7 570	**7 180**	6 780	6 320	5 820	5 210	**4 480**	250
205,11	8 970	8 670	8 350	8 020	**7 650**	7 270	6 850	6 380	5 870	**5 230**	260
213,67	9 370	9 080	8 760	8 430	**8 100**	7 730	7 330	6 880	6 410	**5 870**	270
222,50	9 820	9 530	9 210	8 890	**8 570**	8 210	7 830	7 430	6 990	**6 490**	280
231,62	10 300	10 010	9 700	9 390	**9 070**	8 720	8 340	7 960	7 540	**7 100**	290
240,88	10 670	10 370	10 080	9 810	**9 500**	9 170	8 820	8 440	8 060	**7 610**	300
250,28	11 070	10 780	10 500	10 220	**9 910**	9 590	9 240	8 900	8 530	**8 120**	310
259,95	11 500	11 240	10 950	10 640	**10 340**	10 030	9 700	9 360	9 000	**8 600**	320
269,77	11 910	11 640	11 370	11 090	**10 770**	10 450	10 120	9 790	9 430	**9 050**	330
279,73	12 370	12 110	11 820	11 550	**11 260**	10 940	10 620	10 280	9 930	**9 570**	340
289,83	12 800	12 530	12 250	11 960	**11 670**	11 370	11 050	10 730	10 380	**10 030**	350
300,07	13 200	12 920	12 650	12 370	**12 080**	11 770	11 450	11 140	10 800	**10 450**	360
310,45	13 650	13 380	13 110	12 830	**12 540**	12 250	11 930	11 620	11 280	**10 930**	370
320,97	14 120	13 840	13 560	13 280	**12 990**	12 700	12 390	12 070	11 740	**11 400**	380
331,63	14 580	14 300	14 030	13 750	**13 460**	13 170	12 860	12 540	12 220	**11 880**	390
342,43	15 050	14 770	14 500	14 220	**13 930**	13 640	13 330	13 010	12 690	**12 350**	400

Zahlentafel 19. *Zuordnung von Siedepunkt t_a bei 1 ata, fiktivem n-Wert der Formel C_nH_{2n+2} sowie zugehörigem Molekulargewicht M und zugehöriger kritischer Temperatur t_{kr}.*

Table 19. *Coordination of Boiling Point t_a at 1 ata (= 1 kg/cm² abs.), Ficticious n-Value of the Formula C_nH_{2n+2}, Molecular weight M, and Critical Temperature t_{kr}.*

Siedepunkt t_a °C	n	Molekulargewicht M	Kritische Temperatur t_{kr} °C	Siedepunkt t_a °C	n	Molekulargewicht M	Kritische Temperatur t_{kr} °C
0	4,04	58,68	152	200	11,22	159,39	371
10	4,29	62,19	164	210	11,72	166,40	382
20	4,55	65,84	176	220	12,24	173,69	393
30	4,82	69,62	188	230	12,77	181,13	404
40	5,10	73,55	200	240	13,32	188,84	
50	5,39	77,62	212	250	13,89	196,84	
60	5,70	81,96	223	260	14,48	205,11	
70	6,02	86,45	234	270	15,09	213,67	
80	6,35	91,08	245	280	15,72	222,50	
90	6,69	95,85	256	290	16,37	231,62	
100	7,04	100,76	267	300	17,03	240,88	
110	7,40	105,81	278	310	17,70	250,28	über
120	7,77	111,00	289	320	18,39	259,95	400
130	8,16	116,47	299	330	19,09	269,77	
140	8,56	122,08	309	340	19,80	279,73	
150	8,97	127,83	319	350	20,52	289,83	
160	9,39	133,72	329	360	21,25	300,07	
170	9,83	139,89	339	370	21,99	310,45	
180	10,28	146,20	350	380	22,74	320,97	
190	10,74	152,67	360	390	23,50	331,63	
200	11,22	159,39	371	400	24,27	342,43	